农业废弃物厌氧消化液资源化安全利用阈值与调控技术

陈　彪◎著

海峡出版发行集团 | 福建科学技术出版社
THE STRAITS PUBLISHING & DISTRIBUTING GROUP | FUJIAN SCIENCE & TECHNOLOGY PUBLISHING HOUSE

图书在版编目（CIP）数据

农业废弃物厌氧消化液资源化安全利用阈值与调控技术 / 陈彪著 .
—福州：福建科学技术出版社，2023.7
　　ISBN 978-7-5335-6979-2

　　Ⅰ . ①农… Ⅱ . ①陈… Ⅲ . ①农业废物 – 废物综合利用 – 研究 Ⅳ .
① X71

　　中国国家版本馆 CIP 数据核字（2023）第 046286 号

书　　　名　**农业废弃物厌氧消化液资源化安全利用阈值与调控技术**
著　　　者　陈彪
出 版 发 行　福建科学技术出版社
社　　　址　福州市东水路 76 号（邮编 350001）
网　　　址　www.fjstp.com
经　　　销　福建新华发行（集团）有限责任公司
印　　　刷　福建新华联合印务集团有限公司
开　　　本　787 毫米 ×1092 毫米　1 / 16
印　　　张　8.5
字　　　数　135 千字
版　　　次　2023 年 7 月第 1 版
印　　　次　2023 年 7 月第 1 次印刷
书　　　号　ISBN 978-7-5335-6979-2
定　　　价　58.00 元
书中如有印装质量问题，可直接向本社调换

前言

中国是农业大国，其中生猪养殖存栏总量占世界 50％以上，但是养殖粪污养分和有机物的资源化利用率不足，尤其是养殖废水资源化管理链的有效衔接缺少系统性管理的有效调控机制与运行模式及其技术策略，特别是缺乏系统科学地了解养殖粪污资源化利用的累积效应及其对土壤、地表水和地下水的环境影响。

土壤尤其是农作耕地作为养殖废水资源化利用的主要环境载体，在其安全承载条件下通过其自然消纳吸附与转化降解是治理养殖废水并实现资源化利用的有效路径之一。例如，在一定尺度范围内有必要充分考虑养殖废水养分、种植系统及环境载量之间的有效平衡链接，通过区域产业结构布局（规模程度、产业融合及配套技术等）的匹配优化与有效调控形成良性循环，以促进构建养殖业与种植业融合发展全过程生态可持续的"产业命运共同体"，减少污染的地区间转移及其环境累积效应。

本书以农业生产者、环保科技工作者及养殖企业广泛关注的养殖废水及其消纳载体土壤为研究对象，在系统分析总结养殖污染及其治理技术的相关研究成果基础上撰写而成。首先针对80％以上畜禽养殖污水处理低效，尤其是沼液负荷高以及基于环境超承载消纳等资源化利用安全性突出问题，研究揭示了土壤对养殖废水主要负荷要素 NH_4^+-N、$PO_4^{3+}-P$、K^+-K 转化利用的生物作用机制并阐释其吸附截留的承载过程机制，率先确立了土壤消纳养殖废水 NH_4^+ 的承载系数为 $K_1 \leqslant 5.8 \ g/(m^2 \cdot d)$

和 BOD 的承载系数 $K_2 \leq 6.0\text{g}/(\text{m}^2 \cdot \text{d})$ 的理论限值,并构建了以养殖污水排放量 Q、排放负荷 C(氨氮或 BOD)和土壤承载面积 S 为指标的匹配关系式 $Q \leq K \times S/C$ 的养殖污水资源化利用阈值指标体系;构建了基于阈值指标体系的养殖废水资源化利用联动治理基础理论的战略性技术框架,分析其联动治理的关键负荷 NH_4^+ 和 BOD 的内在偶联关系与技术耦合路径;创新研发了如畜禽养殖污水厌氧无害化高效处理的高密度聚乙烯膜动态高效发酵与便捷化建造工艺、降解效应可量值化的生物活性炭调控处理等养殖污水安全利用耦合联动治理的减量化、无害化、降解效应可量值化的系列调控关键技术,分门别类创立"养殖规模、排放负荷及消纳面积"三种不同类型限值的便捷化技术调控治理模式,系统解析养殖污水环境容量制衡的资源化循环利用联动治理关键技术接口及其调控路径,对因地制宜推动畜禽粪污资源化利用与种植业衔接的全过程生态可持续发展的生产实践具有重要的技术指导与借鉴作用。

目录

第一章　概论 / 1

一、我国畜禽养殖业发展阶段性状况分析 / 1

二、畜禽养殖粪污处理与资源化利用现状 / 3

三、福建省内外相关技术研究开发现状发展趋势 / 6

第二章　养殖污水资源化循环利用基本框架 / 9

一、粪污养分及有机物资源化循环利用基本理念 / 9

二、"养殖—种植"产业物质流与关联区块链分析 / 10

三、"养殖—种植"产业衔接关联区块及循环链条 / 10

四、养殖污水"种—养"产业融合的农业资源化利用生态治理技术体系 / 11

第三章　养殖污水资源化利用阈值与调控模式 / 13

一、养殖污水消纳载体土壤的类别甄选及其运移特性 / 13

二、红壤对养殖污水铵态氮的吸附作用机制 / 15

三、红壤对养殖污水氮磷消化与利用机制 / 17

四、土壤消纳养殖污水 NH_4^+ 和 BOD 的环境承载理论阈值 / 29

五、养殖污水资源化安全利用阈值调控技术模式 / 38

第四章　养殖污水资源化利用治理系列技术 / 44

　　一、多功能一体化减量化装备与技术 / 44

　　二、高密度聚乙烯材料高效厌氧装置技术 / 44

　　三、养殖污水重金属选择性滤除技术 / 54

第五章　养殖污水生物高效调控处理关键技术 / 64

　　一、功能性微生物菌株筛选及其协同作用机制 / 64

　　二、复合菌株固定载体甄选及其影响因素 / 80

　　三、养殖污水生物净化剂等温吸附及其动力学特性 / 92

　　四、养殖污水生物净化处理功能高效性评价 / 101

　　五、养殖污水生物净化的数学调控模型建立与效应评价 / 115

第一章

概论

一、我国畜禽养殖业发展阶段性状况分析

畜牧业在我国国民生产总值中起着举足轻重的作用，其发展关系着国计民生，是衡量一个国家经济水平和营养水平的重要指标之一。我国作为农业大国，是世界上畜禽养殖业发展最早的国家之一。在距今 6000 ~ 5000 年前的原始社会末期，于今天的黄河流域，原始的畜牧业已经形成，不仅有猪、狗、山羊、绵羊等小家畜驯养，马、黄牛等也先后被驯化，其驯养数量不仅可满足食用需求，有的还逐渐成为畜力的来源。4000 多年前，进入夏代奴隶制社会以后，家畜既是一种生活资料，又是一种生产资料，其中马匹还被广泛用作战争工具。2000 多年前的东周与春秋战国时期，不仅在黄河流域中原地区有了发达的畜牧业，而且在长江中下游地区也呈现出六畜兴旺的景象。然而在长达 2000 多年的封建社会中，由于受到严重自然灾害与频繁战争等因素的影响，我国畜禽养殖业出现了较大波动，时起时落，但仍然为世界畜牧业的发展作出了卓越的贡献。

中华人民共和国成立 70 多年来，我国的畜牧业发展取得了举世瞩目的巨大成就，大致可分为以下几个阶段。

第一阶段为 1953 ~ 1977 年（探索发展时期）。20 世纪 50 年代后期，为了解决城市供应和出口需求，一些大中城市郊区开始建立一批以猪禽为主的副食品基地。20 世纪 60 年代，国家的资金投向主要用于基层畜牧兽医站、家畜改良站、种畜场、畜牧兽医科研所等项目建设，并批建了一些猪、禽、兔外贸出口基地，促进了畜牧业生产的发展。但总的来说，在 20 世纪五六十年代，全国畜牧业产值占农业总产值的比重较低，低的年度不到 10%，而高的年度也只有 14% ~ 15%。

　　第二阶段为 1978 ~ 1985 年（初步发展时期）。随着改革开放的发展，1978 年肉、蛋、奶的总产量均有较大幅度增长，其中肉类总产量年均递增 48%。在这一阶段，农村实行家庭联产承包责任制，农牧民有了生产经营的自主权，牲畜作价承包到户，户有户养。与此同时，国家逐步取消了对生猪的统派购制度，放开了畜产品价格，大大调动了农牧民的生产积极性，使畜牧业发展呈现蓬勃发展的势头。到 1985 年，全国肉类、禽蛋、奶类的产量年均增长率分别达到了 12.3%、12.6% 和 16.9%。

　　第三阶段为 1986 ~ 2005 年（快速发展时期）。在这一时期，计划经济走向了社会主义市场经济，畜牧业生产的商品化、专业化、社会化程度不断提高，实行生产经营的产、供、销一体化，畜禽养殖业不再是农户的副业，而变成农村经济中的支柱产业。特别是在"九五"时期，我国畜牧业持续发展，畜产品已由卖方市场转为买方市场，畜产品产量有了显著提高。2000 年，全国肉类总产量达到 6125 万吨，完成"九五"计划的 105%；蛋类产量达到 2243 万吨，完成"九五"计划的 123%；奶类产量达到 919 万吨，完成"九五"计划的 115%。其中，肉、蛋、奶人均占有量分别达到 48.0 千克、17.6 千克和 7.2 千克，全面超过"九五"计划。自改革开放以来，畜牧业产值及其在农业总产值中的比例持续上升，到 2005 年，全国畜牧业产值达 13310.8 亿元，占农业总产值的 33.7%，已然成为农村经济的"半壁江山"。

　　第四阶段为 2006 ~ 2015 年（现代化发展时期）。畜牧业处于从传统畜牧业向现代畜牧业转变的关键时期，开始由偏重产量增长向质量和产量并重的方向转变，其增长方式也逐步由小户散养向规模化、集约化、标准化、区域化、产业化转变，在农业和农村经济中的地位进一步提升，成为农民增收和就业的重要途径。2010 年，全国年出栏 500 头以上生猪、存栏 500 只以上蛋鸡和存栏 100 头以上奶牛规模化养殖比重分别达到 35%、82% 和 28%，比 2005 年分别提高 19、16 和 17 个百分点，标准化规模养殖快速发展。"十二五"时期，我国畜牧业生产结构和区域布局进一步优化，综合生产能力显著增强，规模化、标准化、产业化程度进一步提高，畜牧业继续向资源节约型、技术密集型和环境友好型转变，畜产品有效供给和质量安全得到保障，草原生态持续恶化局面得到遏制。尤其近年来，增强国际竞争能力和保护生态环境已逐步摆上行业发展的议事日程，我国畜牧业进入了一个新的发展时期。

到 2015 年，全国畜禽规模养殖比重提高 10 ~ 15 个百分点，存栏 100 头以上奶牛、年出栏 500 头以上生猪规模化养殖比重分别超过 38% 和达到 50%，畜禽规模化养殖场（小区）粪污无害化处理设施覆盖面达到 50% 以上。

二、畜禽养殖粪污处理与资源化利用现状

（一）养殖粪污危害性分析

我国是养殖总量大国，随着规模化养殖业的不断发展，我国已经成为世界上最大的有机废弃物污染国之一。据测算，全国每年产生畜禽粪污 38 亿吨，综合利用率不到 60%，目前我国畜禽养殖粪便年产生量约为 19.3 亿吨，所含污染物的化学需氧量为 7118 万吨，已超过全国工业废水与生活污水的化学需氧量，全国畜禽粪便 N、P 流失总量分别为化肥 N、P 流失总量的 1.2 倍和 1.3 倍，畜禽养殖污染产生的环境问题日益突出，已成为农业面源污染的主要来源之一。

使用未处理的养殖废水极易造成多种危害：①烧根，烧苗，熏棵，死棵；②盐化棚内土壤，果实不开个；③滋生根结线虫；④带入抗生素，影响农产品安全；⑤产生有害气体，熏棵、死秧；⑥连年使用鸡粪，造成根系缺氧；⑦重金属超标，最终影响到人类的生存和发展。

因此，养殖废水的无害化处理迫在眉睫，它已成为畜禽养殖业健康可持续发展的短板。

（二）畜禽粪污资源化利用污染风险分析

养殖污染物中，既含有丰富的营养物质，又含有大量的污染物质，基于养殖污染物性质的这种特殊性，国内外专家学者在对养殖污染物是应进行高品质能源化利用还是应进行达标处理排放的问题上仍存在不同的看法。发达国家如美国、西班牙、日本等十分重视养殖污染物能源化利用及其安全性问题，并出台严格的规定，养殖污染物必须进行无害化处理后才能进行资源化利用。我国主要是倾向于还田利用模式处理养殖污染物，研究主要集中在养殖污染物循环利用对作物土壤质量和作物品质的影响，虽然也有研究提出，养殖污染物长时间的施用农田可能对水体、土壤环

境、气候环境仍存在一定的潜在污染风险，但目前没有形成定论。

1. 畜禽养殖废水治理关键技术瓶颈与产业短板

养殖污染的综合治理是一项事关民生的工作，十分重要。基于沼液成分及其生物的多样性特性（见表 1–1）和资源化利用载体土壤对沼液消纳承载能力的局限性、沼液净化协同性的缺失及资源化利用与排放失衡已成为沼液资源化利用或达标排放等综合处理的共性技术瓶颈。畜禽养殖厌氧废水化学需氧量（COD）、生物需氧量（BOD）、氨氮 / 总磷负荷较高，尤其是氮素负荷较高，直接资源化利用导致植物茎叶疯长，影响农作物产量，而且生产实践中畜禽养殖废水厌氧稳定性、高效性缺失，处理工艺简约化程度低，同一工艺技术条件下沼液中 BOD、COD、NH_3–N 和 P_5^+ 净化降解与转化效应协同性不足，甚至失调。同时，消纳和利用沼液的土壤载体承载能力的差异性和局限性，沼液资源化利用排放量的失衡，存在污染物累积效应的环境污染风险的二次污染环境安全性问题并成为养殖业可持续发展的产业短板。

表 1–1　畜禽养殖废水组成

微生物	养分物质	环境污染物
细菌种群丰富，优势菌群为芽孢杆菌属及其他有害微生物	腐殖酸、有效氮、有效态磷、有效态钾等	COD/BOD、离子态氮 / 磷、重金属，不溶性有机物及病虫卵等

对于畜禽养殖业带来的环境问题，国内外早已有深刻的认识。欧洲的荷兰、比利时、德国、丹麦、法国等畜禽养殖业发达的城市也都曾受到畜禽粪尿与废水造成的严重环境危害和困扰，纷纷通过法律及环境管理措施加强对畜禽养殖场废水的处理与管理。日本早在 20 世纪 60 年代就开始对"畜产公害"进行治理研究。但是，国外对畜禽粪便废水还田资源化利用的研究主要侧重于安全性评估以及减少风险的措施。

习近平总书记曾指出，农业发展不仅要杜绝生态环境欠新账，而且要逐步还旧账，要打好农业面源污染治理攻坚战。我国高度重视畜禽养殖业污染防治工作，政府积极响应 2015 年中央一号文件"加强农业生态治理"及《畜禽养殖禁养区划定技术指南》的有关要求，自"十三五"以来围绕"稳增长、转方式、强特色、保安全、提质量、促生态"的发展理念，加快转变发展方式，调整优化产业布局，在畜禽标准化建设、科技创新推广和生态化养殖等方面采取相关措施，取得一定的成效。但截至目前，我国该方面研究主要着眼于畜禽粪便废水厌氧消化液（沼液）以及粪便制成有机肥的正面影响，即改良土壤及增产节支的效果，而对其副作用即长期施用所产生的环境效应，如对地下水及土壤超载消纳等，尚未引起足够的重视，对资源化利用载体局限的平衡性研究缺失。

2. 养殖粪污资源化利用意识局限

畜禽养殖废水还田利用在我国已有上千年的历史，然而这种传统的粗放式的还田方式并没有解决畜禽污染问题，究其原因主要是污染物还田并没有充分考虑土壤物化与运移规律、气候特征及其相应影响效应等因素，尤其是环境承载制限而只是将土壤作为一种天然的无限制的污染物处理场所，可能发生污染的"隐性转移"及其邻避效应，未能实现真正意义上的可持续性资源化利用，形成了养殖产业发展与生态环境保护之间的现实矛盾。

因此，如何在畜禽养殖总量超过环境承载能力的地区实现养殖污染物达标处理排放，或在畜禽养殖总量部分不超过环境承载能力的地区实行废弃物资源化利用，如何采取因地制宜的防控措施，这对解决养殖业污染物治理、促进我国农业经济的可持续发展和农业产业结构的调整有着重大的意义。

发达国家在利用厌氧消化技术处理畜禽养殖排泄物使之无害化已达成共识。随着厌氧消化技术的发展和沼气工程的不断推广，随之产生大量的畜禽养殖厌氧污水，即沼液。厌氧污水中，既含有营养物质，又含有污染物质，厌氧污水中的营养物质，如有机质、氮、磷、钾、微量元素、水解酶以及多种氨基酸等可以促进作物的生长；厌氧污水中含有多种污染物质，如有机物、重金属、残留的兽药、有害微生物、病虫卵及抗生素等。如果将厌氧污水直接排入江河湖泊中，其中的大量氮磷元素在水体中的富集会加速藻类的繁殖，导致水中溶解氧含量降低，水生动植物受到威胁。若将厌氧污水直接排入土壤环境，超过土壤对沼液负荷的承载能力，长时间的积累会导致地下水中的硝酸盐及重金属的沉积，从而对地表水和地下水都构成污染，严重降低土壤质量。此外，恶臭、氨、硫化氢等有害气体的释放会对大气环境等构成威胁，并且存在着传播疾病危害人类健康的风险。实践表明，日益积累的大量厌氧污水已成为养殖业持续增长的关键瓶颈因素，也成为养殖污染治理新的研究课题。

三、福建省内外相关技术研究开发现状发展趋势

应用厌氧技术处理养殖废水已成为国内外专家学者及养殖生产企业的基本共识。根据不同的处理总量、环境容量、土地资源和污水排放标准等条件，形成了不同的技术模式，其中最有代表性的模式有综合利用型沼气工程、自然处理型沼气工程、环保达标型沼气工程和热电联用型沼气工程等四种。

综合利用型沼气工程，即沼气工程周边配套有较大面积的作物农田、鱼塘、植物塘、果园、山林地等，能够就地消纳沼液，沼气工程成为生态农业园区的纽带，上承养殖业，下连种植业，促进了农业种养一体化，降低了种植和养殖业的生产成本。由于不需要对沼液进行深度处理，系统工程比较简单，投资和运行成本均较低，因此是一种最为经济的工程模式。

自然处理型沼气工程，即养殖场周围环境不太敏感，沼气工程周边有一定量的农田，配套有较大面积的稳定塘。因此，该模式对沼液采用部分还田或分季节还田的方式，多余的沼液进行低能耗或无动力的自然处理（利用氧化沟、氧化塘、人工湿地等），达到控制污染物总量减排的目的。

环保达标型沼气工程，即沼气工程周边环境无法直接消纳沼液，必须将沼液进行固液分离，分离出来的沼渣和人工干清粪制成商品固体有机肥料，分离后的清液经过好氧或物化等深度处理达到行业排放标准后直接排放。该模式是以处理畜舍冲洗污水达标为主要建设目标，工程投资和运行费用都较高。但由于采用了沼气技术，可回收一定量的能源，同时又去除了污水中的大部分有机物，这比单纯使用好氧处理方法处理同类污水要经济得多。

热电联用型沼气工程，即沼气发电工程，沼气发电热效率为33%～37%，发电余热回收率为40%～45%，总热效率达到80%左右，故系统能量转换率最高。热电联用的好处还在于系统内能量可实现循环利用与互补，既节能，又降低了运行成本，提高了工程运行稳定性和总体效益。

近十年来，福建省畜牧养殖发展很快，土地资源紧缺，种、养不匹配的问题日趋突出，畜禽粪便排放总量远远超过环境承载能力。政府希望通过沼气工程建设项

目的实施，基本解决重点区域畜禽养殖场对周围环境的污染问题，改善项目实施区农业生产和人民生活的环境质量。同时，通过对沼气工程副产物的综合利用，提高项目实施的经济效益，这使得福建省沼气工程的工艺技术比其他地区发展得较快并有所创新，如完全混合式厌氧反应器 (CSTR)、厌氧序批式反应器 (ASBR)、厌氧挡板反应器 (ABR)、厌氧复合反应器 (UBF)、上流式厌氧污泥床 (UASB)、内循环厌氧反应器 (IC) 等，而且为了节约水资源，并减轻后续达标处理的负荷及难度，对规模畜禽养殖场提倡先采用人工干清粪，再将冲洗污水流入厌氧消化系统进行沼气发酵。这样一来，发酵原料浓度很低（TS 为 1% ~ 3%），厌氧消化过程基本没有升温（常温发酵），装置产气率也低，仅为 0.1 ~ 0.5 $m^3/(m^3 \cdot d)$，工程运行效果受环境温度影响很大，因此上述诸多工艺的效率在工程应用上没有显著差异。尽管有少数的畜禽场沼气工程采用 TS 4% ~ 6% 的中温或近中温厌氧消化，但由于没有实施热电联用，所产生的沼气在冬季大部分用于发酵原料的增温和装置的保温，甚至有的沼气工程出现能量入不敷出。因此，沼气工程长年运行稳定性差，经济效益低。

我国沼气工程由于规模相对较小，所产生的沼气用于发电和集中供气的产量均不及总产气量的 3%，大量的沼气用于养殖场自身的生产、生活燃料。针对不同地区和地域，上述的综合利用型沼气工程、自然处理型沼气工程两种沼气工程模式的适应性大相径庭。同时，由于新农村建设和城市扩大化发展的原因，原来用于配套消纳沼液的农田或稳定塘面积减少，污染物总量减排控制负荷加大，靠自然生态处理系统实现达标排放较为困难，需要研究氧化塘、生物过滤池与人工湿地等几种自然处理单元对污染物的承受负荷，而且区域地理与环境条件的差异性较大，沼气工程运行效果、稳定性受到不同程度的制约，再有厌氧发酵技术应用的特性，影响了沼气工程建设的经济效益、环境效益和社会效益。

目前，随着国家对环境安全的重视，国家各级部门加大监管力度，养殖场逐步引进养殖污染物处理工艺，但其处理工艺的承载力与养殖污染物产生量是否匹配，经过处理的养殖污染物是否已达到环境排放的要求，这两方面还没有相关的研究报道。从 2009 年开始我国开展畜禽养殖污染整治，科学划定畜禽养殖禁养区、禁建区及可养区，推广养殖场污水无害化处理技术，拆除关闭不符合条件的畜禽养殖场。目前，大多数中小型养殖场大多建在距离城市较远的地区，饲养规模不大，且周边有大量的农田、果园及茶园等，将养殖污染物还田用作肥料是经济有效的处置方法，因此现阶段处理养殖污染物技术模式 90% 是还田模式及自然处理模式，或将两者结合起来，通过还田利用的方式进行消纳，需要大量的农田，就地消纳存在一定的难度。通过对福建省内几家养殖场采用不同工艺处理的养殖污染物进行调查取样、检测，发现养殖场污水中的 COD、BOD 含量超过国家畜禽养殖污染物排放标准的 3 ～ 4 倍，粪大肠杆菌也超过国家排放标准，其中还有残留的兽药、重金属等。实验结果表明，处理后的养殖污染物中仍含有污染物，还未能完全达到环境排放的目标。

基于处理养殖污染物的大部分沼气工程始建于 20 世纪 90 年代，处理技术主要倾向于还田肥料化利用模式，主要有两种形式：一是通过干清粪或刮粪方式集中收集，应用有机肥料生产技术将大部分猪粪肥料化，部分猪粪仍然需要用水冲洗并形成养殖污水；二是污水经过厌氧或兼氧等工艺处理后用于果园林地的肥料化利用。但是由于不同区域的地理环境条件和设施建设质量的差异性、工艺技术的完整性、工艺运行高效性和稳定性以及环境承载能力的局限性等多方面因素，以"山林地或田间资源化消纳利用"或"集中收集肥料化"等污染物减量化的沼气工程技术模式，未能从真正意义上实现养殖污染物的有效可持续处理与循环利用，直接影响了养殖污染物还田资源化利用的有效性和安全性。

近几年来，以污染物肥料化转移利用为主的"微生物发酵床"新模式在部分养殖场进行了推广应用，也取得了一定的成效，但该技术是以消耗资源的形式对养殖污染物进行吸附和生物处理，也是污染物肥料化转移利用的一种新模式，同时产生大量如氨氮等有害气体，存在着对环境二次污染和健康养殖的风险。

基于畜禽养殖污染物处理与资源化利用的环境消纳承载能力局限和二次污染转移而造成的环境污染，强化 COD、BOD 消减量已成为沼气工程技术应用的重要环境评价指标，直接影响沼气系统工程运行的环境效应，并成为沼气工程建设的关键技术短板。因此，加强养殖污染物处理高效性技术及其消纳主体土壤的承载能力及其有效调控技术与模式研究，提升畜禽养殖污染物消化处理技术的适应性、稳定性、安全性、高效性以及基于环境效应的污染物生物发酵产物的资源化是诸多研究人员和相关政府职能部门共同关注的课题。

第二章

养殖污水资源化循环利用基本框架

一、粪污养分及有机物资源化循环利用基本理念

在中国，畜禽粪便养分及有机物还田利用已有上千年的历史。20 世纪 80 年代中期前，基于小农耕作方式、小规模养殖、环境保护意识、科技发展与技术研究及应用等方面的局限，传统粗放式的资源化利用方式未充分考虑环境的安全性及减少风险的措施。20 世纪 90 年代开始，随着中国社会经济的快速发展和畜牧产品需求的持续增长，畜禽养殖业也随之集约化、规模化发展，并成为面源污染主要来源的农业产业之一，治理畜禽粪污的挑战也随之增加。同时，由于养殖企业对利用经济手段推动禽畜养殖有机物和废水养分资源化处理机制缺乏了解，对畜禽养殖污染物治理相应技术缺少筛选与鉴别能力，用于减少畜禽粪污的环境污染的基础设施建设和管理的规范性不一及其配套工程缺位等多方面原因，尤其是实施畜禽粪便养分和有机物资源化还田利用主要着眼于正面影响，即改良土壤及增产节支效果，而对其副作用，即长期施用所产生的污染"隐性转移"及其"邻避效应"，尚未引起足够的重视，如没有充分考虑对地下水源、消纳载体土壤的物化与运移规律、气候特征的相应影响效应等，只是将土壤作为一种天然的、无限制的污染物处理场所，未能实现真正意义上的可持续性资源化利用，形成了养殖产业发展与生态环境保护之间的现实矛盾。因此，实现养殖业废水养分及有机物资源的循环利用，应遵循循环理念，并充分考虑循环融合衔接及其链条的有效平衡策略，而因地制宜地推动畜禽业与种植业的融合发展，这是实现畜禽粪污资源化循环利用的基础。

二、"养殖—种植"产业物质流与关联区块链分析

任何事物只要是可循环的，基本上都是可持续的，但若循环链条中某些环节被人为打破或缺失有效平衡，则可持续就会受到影响。基于畜禽养殖污水特性及土壤利用循环的基本概念，如图 2-1 所示，养殖产业物质流中的"畜禽粪污"区块可以为种植产业提供一定量的种植养分，形成种植业产业物质流的"种植养分供给"区块。因此，因地制宜地推动畜禽粪污资源化利用与种植业融合的循环农业发展，是实现畜禽粪污资源化循环利用的基础。

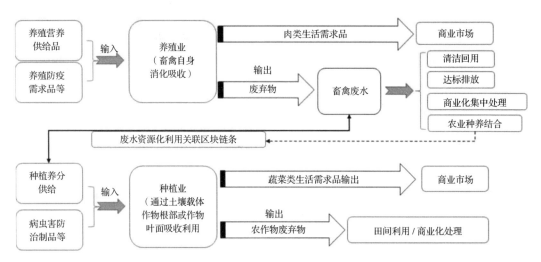

图 2-1　养殖业和种植业产业及其关联区块链物质流基本框架图

三、"养殖—种植"产业衔接关联区块及循环链条

土壤作为粪污养分及有机物资源化利用的主要环境载体，在其安全承载条件下，建立养殖业粪污区块链与种植业养分供给输入区块链的生态衔接是实现畜禽粪污资源化安全利用的有效路径之一。如图 2-2 所示，通过对养殖业"畜禽粪污"输出区块循环标的物养殖粪污的特性及实现与种植业"养分供给"输入区块的链接载体土壤的特性研究，建立养殖粪污环境容量制衡的资源化利用治理生态链接平衡，是构建养殖业与种植业融合循环发展的全过程生态可持续的"产业命运共同体"的关键所在。

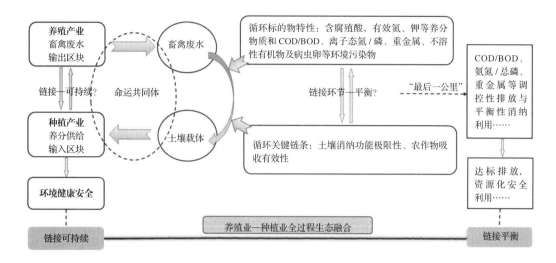

图2-2　养殖废水治理与农业循环利用关联链条框架图

四、养殖污水"种—养"产业融合的农业资源化利用生态治理技术体系

我国有着悠久的畜禽养殖历史，从家庭养殖逐步发展成为小规模、集约化的生产模式，养殖饲料的供给也从家庭生活和农业生产零星废弃物利用发展成商品化供给，尤其是规模化养殖场原料自采购、自加工的供给方式。同时，随着我国畜禽养殖生产方式和畜禽疫情防控等养殖产业水平以及养殖地区区域工况条件的差异性，畜禽养殖呈现集约化程度高、废水排放量大、养殖废水具有养分与有毒有害污染物并存的特性，养殖污染物组分多源性及其构成多样性为养殖污染处理及其资源化利用提出了新的工艺与技术的创新要求。因此，在目前社会经济和养殖水平发展的新形态下，构建养殖废水，尤其是沼液的治理技术体系对多样性、多源性养殖废水治理全过程中工艺技术递进衔接"邻位效应"及其系统治理目标赋能具有重大战略意义，如图2-3所示。

项目团队率先提出了养殖废水污染物治理梯度技术目标，养殖特征污染物的主要指标除了传统指标 TP/TN、DOC/SS/浊度和 COD_{cr}/BOD_5 之外，还包括重金属、抗生素等新污染物在养殖污水处理过程中全周期的赋存，无论是沉渣肥化的资源化利用还是废水处理后的农业灌溉利用或养殖废水达标排放，这些污染物对养殖区的土壤、流域和地下水都存在着严重的"隐性转移"生态环境及人类健康风险。因此，

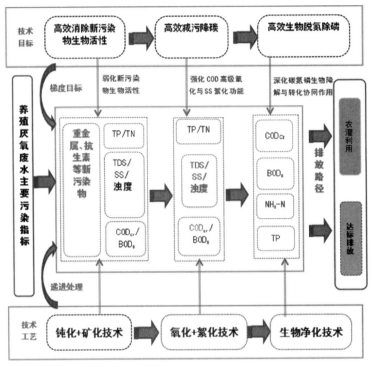

图 2-3 养殖废水梯度递进处理技术体系示意图

为了保障养殖废水治理全过程中环境健康安全，重金属、抗生素等有害有毒新污染物从源头高效钝化 / 矿化弱化污染物生物活性的处理工艺和技术是治理养殖废水的首要目标，为后续处理工艺技术研发与衔接应用奠定了坚实基础。

在此前提下，针对养殖废水中难降解的有机物，特别是悬浮物（SS）和胶体等对生物处理效能的显著影响，应用"氧化 + 絮化"技术工艺强化对污染物 COD 高级氧化与 SS 和胶体絮凝去除功能，提升养殖废水资源农业循环利用水平，并达到高效减污降碳的阶段性梯度目标，降低养殖废水处理难度，不断提升技术工艺衔接应用的"邻位效应"和水质可生化水平，深度契合农业农村部和生态环境部关于养殖污染治理的指导意见。

在此基础上，遵循污染治理环境安全保障的基本准则，进一步应用生物净化技术工艺，根据进水碳源水平和生化系统的溶解氧状态合理分配生物脱氮与生物除磷碳源，深化微生物对 COD_{cr}/BOD_5、$NH_3\text{-}N/TP$ 生物降解与转化的协同作用，提高脱氮除磷效应，达到处理目标梯度定位与技术工艺逐步递进并实现养殖废水达标排放的整体治理目标。

第三章

养殖污水资源化利用阈值与调控模式

一、养殖污水消纳载体土壤的类别甄选及其运移特性

基于养殖粪污厌氧发酵形成的消化液（沼液）的成分及其生物的多样性特性和资源化利用载体土壤对沼液消纳承载能力的局限性，沼液深度处理协同性缺失以及资源化利用与排放失衡已成为养殖业可持续发展的产业短板和共性技术瓶颈。然而，土壤作为养殖粪污资源化利用的主要环境载体，其自然的消纳吸附与转化系统如图3-1所示，在其安全承载条件下，输入养殖厌氧消化出水，通过自然消纳吸附与转化降解是养殖污水养分及有机物资源化利用治理的有效路径之一。然而，土壤类型的差异性较大，包括黑土、棕壤、褐土、红壤等，为了确立土壤对养殖粪污厌氧后的沼液的承载能力及其理论限值，笔者通过对土壤pH、有机质含量、氮磷钾总含量及有效态含量、阳离子交换量、盐基饱和度以及质地等因素综合分析，以最大吸

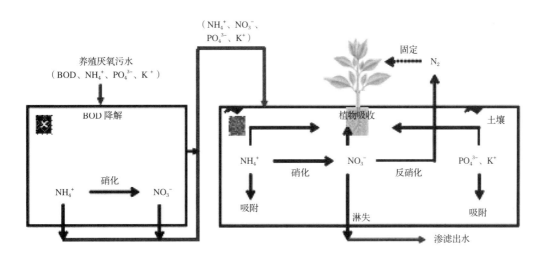

图3-1 "养殖污水—土壤消纳"资源化利用系统图

纳极限为依据，以红壤和黑土两种性质差别较大的土壤类型为研究对象，构建养殖粪污资源化利用环境安全阈值体系。

红壤作为一种风化程度较高、有机质含量较低、富含铁铝而缺乏植物养分元素、耕作性较差的土壤，在农业上一直被视为较为劣质的土壤类型，而与红壤特性形成鲜明两极差异的黑土则含有丰富的有机质，从肥力、可耕性以及对微生物提供繁殖代生支持等方面，都属于最优的土壤类型之一。此外，其中的有机物质有望为反硝化菌提供电子受体，为氮素去除的关键步骤之一的反硝化过程提供重要的保证。

当养殖厌氧污水注入土壤时，其中的污染物将出现随水向下的重力流过程，在土壤中发生运移。了解污染物的运移过程，对考察土壤对养殖厌氧污水中养分净化及资源化的适宜性将起到重要作用。首先，采用经典的示踪实验（tracer test）方法，测定土壤弥散系数。如图 3-2 所示，展示了两种土壤的穿透曲线。据此，通过公式 $D = L^2 / (8t_{0.50}^3) \cdot (t_{0.84} - t_{0.16})^2$ 计算得出红壤和黑土的弥散系数分别为 6.28×10^{-2} cm$^2 \cdot$ s^{-1}（$= 5.43 \times 10^{-1}$ m$^2 \cdot$ d^{-1}）和 7.53×10^{-4} cm$^2 \cdot$ s^{-1}（$= 6.50 \times 10^{-3}$ m$^2 \cdot$ d^{-1}）。红壤比黑土的弥散系数大 2 个数量级。

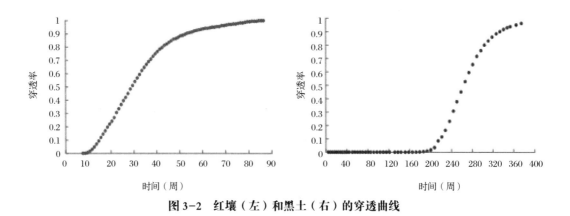

图 3-2　红壤（左）和黑土（右）的穿透曲线

进一步通过套用韦伯（Weber）和迪贾诺（DiGiano）（1996）提出的物质运移模型 $C/C_0 = 0.5$ erfc $[(x - v_x t) / (4Dt)^{0.5}]$，污染物在土壤中的运移过程如表 3-1 所示，两种土壤中，物质的运移效率有非常大的差异，物质在红壤中的运移能力显著高于黑土。

表 3-1　土壤中物质运移效率

	时间（h）						
	1	2	3	4	5	12	24
红壤运移效率（%）	0.00	0.14	0.75	1.77	3.01	11.48	20.18
黑土运移效率（%）	0.00	0.00	0.00	0.01	0.13	0.412	0.927

如果进一步考虑到沼液中物质及其本身的移动能力的差异，通常而言，在土壤中阴离子的运移能力强于阳离子，而阳离子的运移能力则强于有机物质。换言之，对于沼液中的 BOD 而言，基本上可以预测其还没有移动到黑土的深层，就已经被截留在黑土上层，并被微生物尤其是被异养微生物代谢了。这就极有可能造成本就通透能力相对较差的黑土的进一步堵塞，使其丧失沼液处理的功能。当然，对黑土进行一定的通透性改良或是降低水力负荷及污染物负荷，可以从一定程度上缓解上述不利现象。相对而言，在沼液中物质的运移能力方面，红壤的特性明显优于黑土。

二、红壤对养殖污水铵态氮的吸附作用机制

对于养殖污水资源化利用处理技术而言，土壤对氮素移除的顺利与否是决定土壤系统消化效率高低的最关键因素。养殖厌氧消化出水（沼液）中铵态氮（NH_4^+-N）大量存在，注入土壤时铵态氮首先与土壤胶体发生吸附反应，而土壤对铵态氮的截留是其进一步被植物利用以及被微生物作用去除的根本前提。因此，详细了解土壤对沼液中铵态氮的吸附现象，以及考察沼液中大量磷元素（$PO_4^{3-}-P$）对土壤的铵态氮吸附过程的影响，对确立土壤的承载极限具有重大的意义。

如图 3-3 所示，展示了不同沼液条件下，两种土壤对铵根的吸附等温线，而表 3-2 展示了相应的吸附模型的拟合结果。可以看出，在对富含氮磷等养分物质的沼液进行土壤资源化消化处理的过程中，沼液中磷元素能够极大程度上增强土壤对水中铵态氮的吸附截留能力。这应与沼液中磷元素与土壤胶体发生专性吸附现象、增

加土壤胶体核心上的负电荷位点数量直接相关，而这也进一步为氮素的生物处理过程提供了极为重要的保证。土壤对铵态氮吸附等温线受到沼液中磷元素影响而发生的转变及其规律如图 3-4 所示。

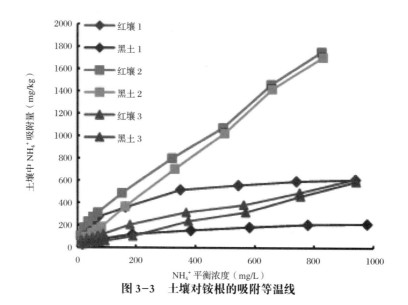

图 3-3　土壤对铵根的吸附等温线

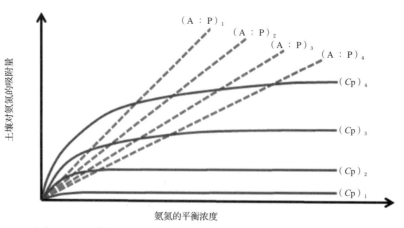

图 3-4　沼液中磷酸根对土壤吸附铵根的吸附等温线的影响

表 3-2　铵根吸附等温线的最佳单层吸附模型

	模型	回归方程 [a]	R^2	P
红壤 1	朗格缪尔	$q = 8.292c/(1+0.015c)$ $q_m = 555.56$	0.9918	
黑土 1	朗格缪尔	$q = 1.665c/(1+0.008c)$ $q_m = 200.00$	0.9930	< 0.001
红壤 2	亨利	$q = 2.225c$	0.9875	
黑土 2	亨利	$q = 2.095c$	0.9979	
红壤 3	亨利	$q = 0.688c$	0.9823	
黑土 3	亨利	$q = 0.609c$	0.9938	

注：回归方程描述关于铵根离子的吸附情况；q_m 指的是朗格缪尔模型中吸附量的最大值。

上述研究揭示了土壤对铵态氮吸附能力受到沼液中磷元素的影响的现象以及土壤与磷元素之间的专性吸附反应的机理解释，表明红壤这类高度风化、富含铁铝氧化物、缺乏养分盐类的土壤，在沼液资源化处理及养分回用的同时，可实现一定程度的土壤性质改良，可作为养殖污水资源化利用处理时确立土壤承载极限最适用的土壤类型之一。

三、红壤对养殖污水氮磷消化与利用机制

根据不同土壤的性质，确定"红壤—苜蓿"及"黑土—肯塔基蓝草"的两组组合，进行红壤对养殖污水中氮磷去除与养分回用机制对比研究。实验用沼液采取人工配置的方法，确定实验用沼液的最终成分及浓度（考虑适度稀释），以及沼液施用的水力负荷及相应的养分负荷，具体的沼液成分见表3-3，其中第3行为最终施用到"红壤—苜蓿"组合的沼液成分，其水力负荷定为 3 cm · d⁻¹，而第4行为最终施用到"黑土—肯塔基蓝草"组合的沼液成分，其水力负荷定为 1 cm · d⁻¹。

表 3-3　污水成分表

（单位：mg · L^{-1}）

废水	BOD	TN（氨氮情况）	TP	TK
猪场沼液	400	570（570）	245	308
单元模拟废水	80	570（285）	245	308
五倍稀释的土柱试验废水（R-A）	16	116.4（57）	49	66.6
三倍稀释的土柱试验废水(B-K)	26.7	192.4（95）	81.7	107.7

注：用水稀释 2.4 mg/L 的 NO_3^--N、5 mg/L 的 TK 以及不可检测出的 BOD、NH_3-N 和 TP。

　　"土壤—植物"组合实验设计 4 个处理，即"土壤—自来水""土壤—自来水—植物""土壤—沼液""土壤—沼液—植物"。对"红壤—苜蓿"组合而言，简写为 RT、RTA、RW、RWA；对于"黑土—肯塔基蓝草"组合而言，简写为 BT、BTK、BW、BWK。在反应器运行过程中，每周监测出水水质，包括 pH、EC、COD、TN、NH_3-N、$(NO_2^- + NO_3^-)$-N、TP 及 TK。当反应器出水水质达到稳定后，在土柱侧壁每隔 10 cm 的采样口采集水样，分析 NH_3-N 和 $(NO_2^- + NO_3^-)$-N 浓度，了解氮素在土柱中的下渗变化过程，并分析其中 TN（= TKN + $(NO_2^- + NO_3^-)$-N）、TP 及 TK 含量。从土壤侧壁每隔 10 cm 的采样口采集土壤样品，分析土壤的各种理化性质，包括 pH、N（TN、NH_3-N、$(NO_2^- + NO_3^-)$-N、有机氮），TP（TP 及有效磷）和 K（TK 及有效钾），并计算系统的液体、N、P、K 的质量平衡。最后，对采集的土壤样品，分析其中与铵态氮转化紧密相关的硝化菌的数量和活力，包括对其细胞数量的测定以及对其硝化潜势的测定。

　　如图 3-5 所示，详细反映了"红壤—苜蓿"组合土柱出水水质及剖面水质的情况，而未展示的 NH_3-N 和 TP 则因其自始至终低于检测限。从中可以看出，对于氮、磷这两种主要的养分物质，红壤对其去除都起到了很好的效果。氮素移除方面，硝化功能的建立非常成功，从土表到 20 cm 深度的区域为硝化功能的活跃区，而在整个土柱的上半部分（50 cm 深度以上的区域）都有一定的硝化反应现象。前部"兼氧处理"对沼液中 BOD 的有力削减，是土壤中硝化功能得以顺利建立的重要保障。相比之下，反硝化功能并未很好地建立，这与土壤及沼液中均缺乏反硝化

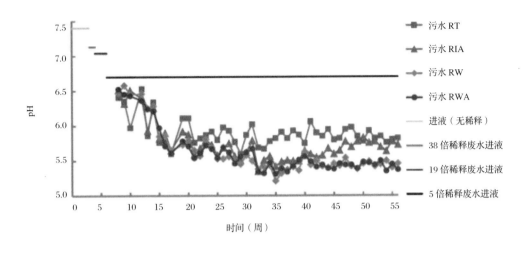

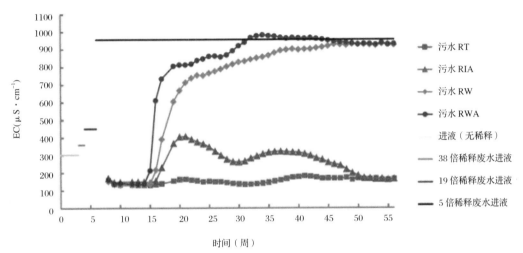

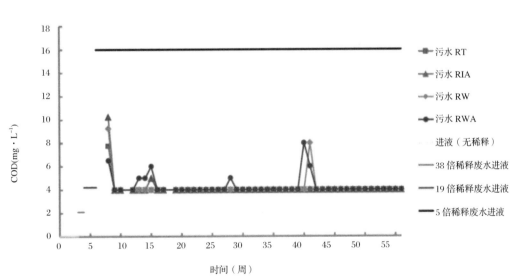

图 3-5 红壤土柱出水水质及剖面水质

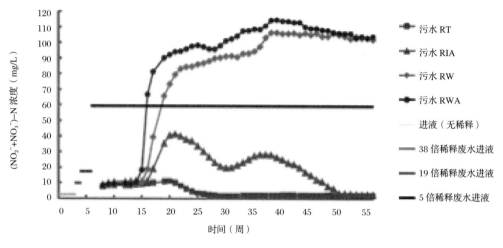

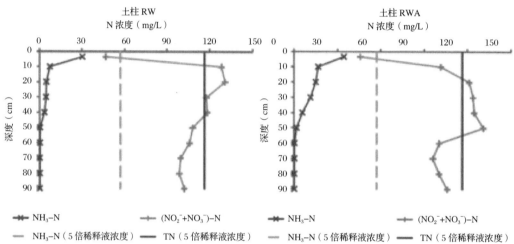

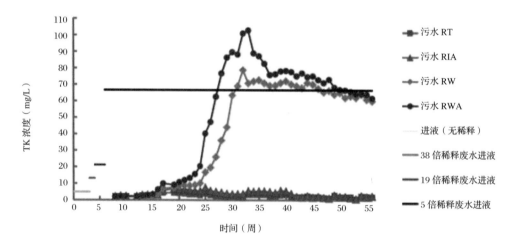

图 3-5　（续）红壤土柱出水水质及剖面水质

菌必需的、可利用的有机碳有关。一方面，今后可以根据实际出水中硝态氮的绝对浓度值，采取直接排放或限制性灌溉的进一步利用措施；另一方面，可以通过计算，提前在 50 cm 深度以下的土层掺混足量的生物可利用有机碳（源自农村地区常见的一些相对易生物降解利用的农业废弃物），以改善反硝化功能。关于这点改进的设想，笔者进行了附加实验。考虑到通常情况下土壤下层较好的反硝化菌活力和较适宜的生长条件，以及土壤对硝态氮吸附能力较弱的这一对矛盾，仍保守采用 50 cm 深度的下层土层，进行相应的测试，达到了很好的效果。在磷素移除方面，由于沼液中的磷与土壤迅速发生专性吸附及沉淀反应等，因此去除效果优异。

图 3-6 反映了养分元素氮、磷、钾在土柱不同深度的含量分布情况。在了解水质情况之余，土壤中养分元素的含量分布情况将为水质结果的进一步机制解释，以及为判断系统是否可以长期稳定、可持续的运行提供重要的参考。从图中可以看出，除了土壤表层有铵态氮的少量积累外，土柱其他深度并未出现铵态氮的积累，这再次反映出系统优异的硝化功能，也与很多无法长期稳定运行的土壤处理系统所展现的现象截然不同。土壤吸附的铵态氮的及时转化，也是保证氮素能够持续被植物根系吸收利用，而不出现铵态氮在土壤上层大量积累而危害植物生长的重要前提。对于磷素，则完全在土壤表层被截留，并且部分处于植物有效态。对于钾，同样有相当一部分被土壤表层截留，且完全处于植物有效态。这些植物有效态的氮、磷、钾在土壤表层的少量逐步累积，起到了对表层土壤养分性质改良的目的。且在系统运行一段时间之后，可以随着植物的收获而一同移除，并掺混到其他缺乏植物有效态养分的土壤中去，再次被回用。总体来看，从土壤"暗箱"中成分的分析结果中，可以得出消纳污水载体红壤系统在目前的运行参数下具备长期可持续运行能力的结论。

关于红壤系统中氮、磷、钾的质量平衡如表 3-4 所示。其中氮素的去除效率平均达到 40%。若改进了反硝化功能后，此值可提升至近乎 100%。此外，由于苜蓿属豆科植物，本身有从大气中固氮的能力，故进一步了解植物从沼液中移除氮素的比例无法精确计算。磷素方面，去除效率达到 100%。其中，植物回用约占 6%，还有平均 14% 的磷以有效态形式存留在土壤表层，未来可进一步在农业上回用。钾素方面，去除效率平均达 34%，其中植物回用占 4%，还有平均 32% 的钾以有效态形式存留在土壤表层，未来可进一步在农业上回用。

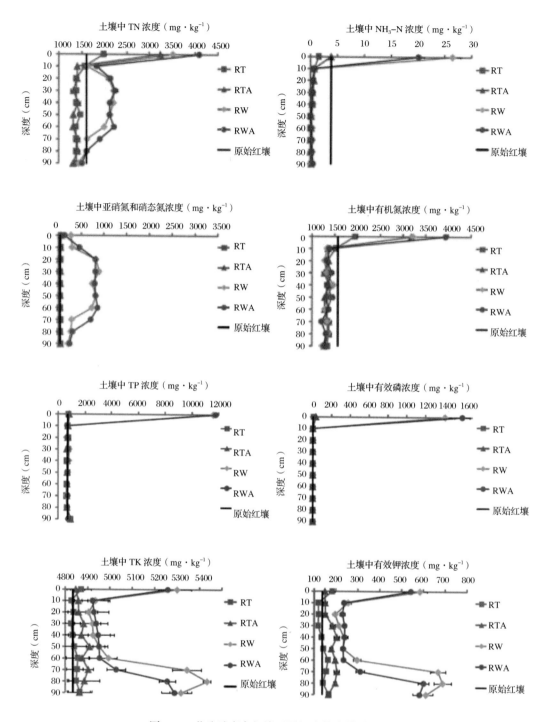

图3-6　养分元素在红壤不同深度的含量分布情况

表 3-4　红壤系统中氮、磷、钾的质量平衡

土柱	不同形式N、P、K含量	原土	施用的污水	收集的污水	苜蓿修复后	最终土壤	平衡值
RT	NH_3-N	0.06	0.06	0.00	—	0.00	−0.11
	$(NO_2^-+NO_3^-)$	0.54	0.52	0.69	—	0.58	+0.20
	有机氮	22.91	0.00	0.00	—	20.47	−2.44
	TN	23.51	0.58	0.69	—	21.05	−2.35
	P	10196.64	49.00	2.25	—	10243.39	—
	K	70.58	1.03	0.43	—	71.18	—
RTA	NH_3-N	0.06	0.06	0.00	0.00	0.01	−0.11
	$(NO_2^-+NO_3^-)$	0.54	0.52	3.25	0.08	0.58	+2.84
	有机氮	22.91	0.00	0.00	1.71	20.86	−0.34
	TN	23.51	0.58	3.25	1.79	21.44	+2.39
	P	10196.64	49.00	2.18	266.90	9976.56	—
	K	70.58	1.03	0.64	0.31	70.65	—
RW	NH_3-N	0.06	10.40	0.00	—	0.03	−10.43
	$(NO_2^-+NO_3^-)$	0.54	10.87	13.79	—	8.29	+10.67
	有机氮	22.91	0.00	0.00	—	20.87	−2.03
	TN	23.51	21.28	13.79	—	29.20	−1.80
	P	10196.64	8944.51	2.55	—	19138.60	—
	K	70.58	12.21	7.31	—	75.48	—
RWA	NH_3-N	0.06	10.40	0.00	0.00	0.02	−10.44
	$(NO_2^-+NO_3^-)$	0.54	10.87	15.04	0.08	0.35	+13.06
	有机氮	22.91	0.00	0.00	2.39	21.49	+0.98
	TN	23.51	21.28	15.04	2.47	30.86	+3.60
	P	10196.64	8944.51	1.74	597.51	18541.90	—
	K	70.58	12.21	8.80	0.61	73.38	—

注：表中氮和钾的数据单位为 g，磷的数据单位为 mg。

图3-7详细展示了"黑土—肯塔基蓝草"组合土柱出水水质及剖面水质的情况，而未展示的 NH$_3$-N 和 TP 则因其自始至终低于检测限。从中可以看出，对于氮、磷这两种主要的养分物质，黑土对其去除都起到了很好的效果。氮素移除方面，硝化功能的建立非常成功，从土表到 10 cm 深度的区域为硝化功能的活跃区，但也仅有此区域有明显的硝化反应现象。该现象与红壤并不相同，这与黑土相对较差的结构导致硝化微生物所需的氧气无法顺利深入土层深处有关。前部"兼氧处理"对污水中 BOD 的有力削减，是土壤中硝化功能得以顺利建立的重要保障。对于有机质含量很高的黑土，本应能提供反硝化微生物所需的有机碳而促进反硝化功能的建立，但实际现象却与红壤的情形相同，反硝化功能并未很好地建立。可见，黑土中丰富的有机质绝大多数都处于腐殖质等难以被微生物利用的状态。在磷素移除方面，由于沼液中的磷与土壤迅速发生专性吸附及沉淀反应等，故去除效果优异。

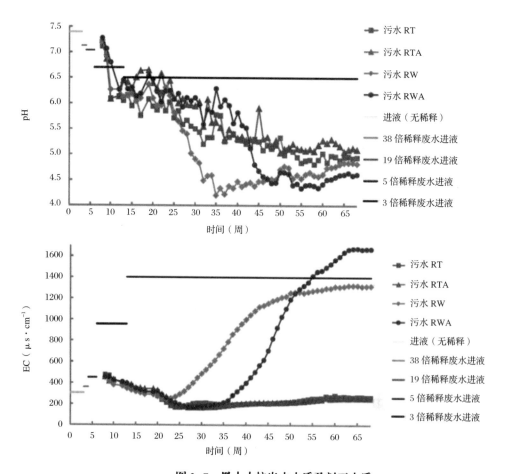

图3-7　黑土土柱出水水质及剖面水质

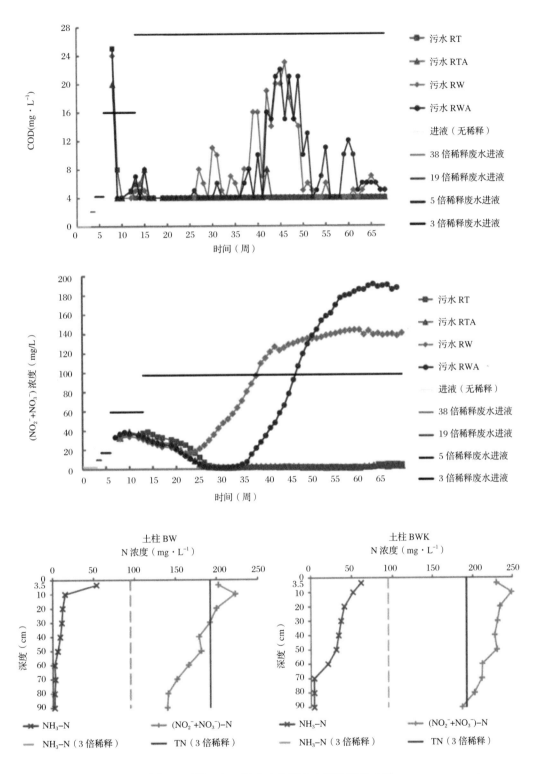

图 3-7（续一） 黑土土柱出水水质及剖面水质

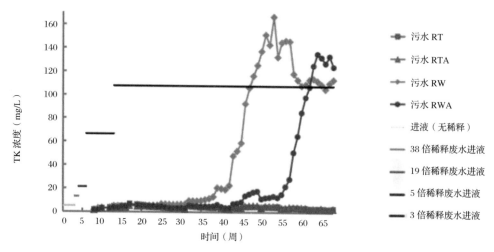

图 3-7（续二）　黑土土柱出水水质及剖面水质

　　图 3-8 反映了养分元素氮、磷、钾在土柱不同深度的含量分布情况。在了解水质情况之余，土壤中养分元素的含量分布情况将为水质结果的进一步机制解释，以及为判断系统是否可以长期稳定、可持续地运行提供重要的参考。从图中可以看出，除了土壤表层有铵态氮的少量积累外，土柱中部也出现了一定量铵态氮的积累。该现象再次证实了黑土在表层 10 cm 以下区域就无法很好地建立硝化功能，表明该系统在目前运行参数条件下不可能长期稳定的运行，更不用考虑进一步提升处理负荷的能力。对于磷素，其完全在土壤表层被截留，并且部分处于植物有效态。对于钾，同样有相当一部分被土壤表层截留，且完全处于植物有效态。这些植物有效态的氮、磷、钾在土壤表层的少量逐步累积，对表层土壤起到了养分性质改良的目的。且在系统运行一段时间之后，可以随着植物的收获而一同移除，并掺混到其他缺乏植物有效养分的土壤中去，再次被回用。总体来看，从土壤"暗箱"中成分的分析结果中，可以确立红壤系统在目前的运行参数下具备中短期稳定运行的能力。

　　关于体系中氮、磷、钾的质量平衡如表 3-5 所示。其中氮素的去除效率平均达到 72%，其中肯塔基蓝草回用的比例超过 8%。若改进反硝化功能，此值亦可达到约 100%。磷素方面，去除效率达到 100%。其中，植物回用约占 6%，还有平均 24% 磷素以有效态的形式存留在土壤表层，未来可进一步在农业上回用。钾素方面，去除效率平均达 73%，其中植物回用占 14%，还有平均 66% 钾素以有效态的形式存留在土壤表层，未来可进一步在农业上回用。

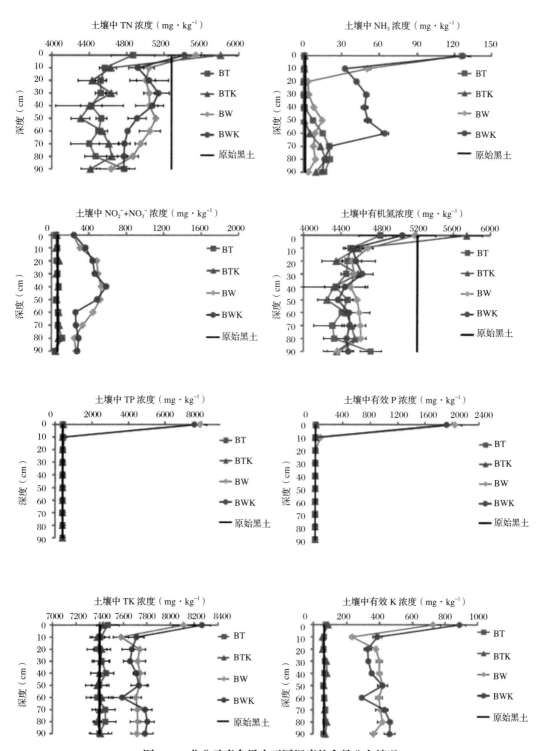

图 3-8　养分元素在黑土不同深度的含量分布情况

表 3-5　土壤系统中氮、磷、钾的质量平衡

土柱	不同形式 N、P、K 含量	原土	施用的污水	收集的污水	苜蓿修复后	最终土壤	平衡值
BT	NH_3-N	0.02	0.07	0.00	—	0.13	+0.04
	$(NO_2^-+NO_3^-)$	1.04	0.28	0.50	—	1.05	+0.25
	有机氮	79.20	0.00	0.00	—	67.66	−11.54
	TN	80.26	0.35	0.50	—	68.84	−11.26
	P	6130.16	58.31	0.30	—	6188.17	—
	K	112.48	0.51	0.24	—	112.75	—
BTK	NH_3-N	0.02	0.07	0.00	0.00	0.08	−0.01
	$(NO_2^-+NO_3^-)$	1.04	0.28	0.38	0.03	1.04	+0.13
	有机氮	79.20	0.00	0.00	0.25	68.65	−10.30
	TN	80.26	0.35	0.38	0.28	69.77	−10.18
	P	6130.16	58.31	0.29	23.64	6164.55	—
	K	112.48	0.51	0.20	0.34	112.44	—
BW	NH_3-N	0.02	7.56	0.01	—	0.29	−7.28
	$(NO_2^-+NO_3^-)$	1.04	7.77	5.34	—	6.11	+2.64
	有机氮	79.20	0.00	0.00	—	69.92	−9.28
	TN	80.26	15.33	5.36	—	76.32	−13.91
	P	6130.16	6497.61	0.68	—	12627.10	—
	K	112.48	8.61	3.30	—	117.78	—
BWK	NH_3-N	0.02	7.56	0.01	0.00	0.67	−6.90
	$(NO_2^-+NO_3^-)$	1.04	7.77	3.91	0.23	5.78	+1.11
	有机氮	79.20	0.00	0.00	1.29	68.77	−9.14
	TN	80.26	15.33	3.92	1.52	75.22	−14.93
	P	6130.16	6497.61	0.55	399.76	12227.47	—
	K	112.48	8.61	1.53	1.49	118.06	—

注：表中氮和钾的数据单位为 g，磷的数据单位为 mg。

　　研究表明，在确立红壤作为沼液资源化利用载体类型的情况下，通过不同的"土壤—植物"组合实验，土壤系统均能较好地实现沼液中氮磷钾的处理和养分的吸收利用，从土壤对沼液中氮磷的处理及回用的机制研究中可以看出，红壤要明显优于黑土；在沼液资源化利用处理的过程中，作物对各养分元素的吸收量也仅占随沼液而输入土壤的养分总量的 10% 左右，绝大部分的氮磷是通过土壤中的各种物理化学和生物化学过程而得以净化移除。因此，土壤对沼液中各物质的承载能力计算和分析时，植物的吸收量这一因素，可忽略不计。对于氮素而言，前部"兼氧处理"对污水中 BOD 的有力削减是土壤中硝化反应得以顺利进行的重要保障。土壤上层可建立起硝化功能的活跃区。对于红壤而言，硝化功能可在 50 cm 的深度被观察到，而黑土则仅限于土壤表层的 20 cm。磷素方面，由于污水中的磷与土壤迅速发生专性吸附及沉淀反应等，因此去除效果优异。钾素则通过静电吸附现象部分截留在土壤表层。这些截留于土壤表层的磷和钾部分或全部以有效态形式存在，未来可随着植物的收获而一并移除，掺混到其他缺乏养分的土壤中，实现农业上的再次回用。

四、土壤消纳养殖污水 NH_4^+ 和 BOD 的环境承载理论阈值

（一）红壤对养殖污水中氮磷的承载能力影响因素分析

1. CO_2 浓度的影响分析

　　如图 3-9 所示，CO_2 浓度自动调控小室（a：CO_2 小室；b：小室内 CO_2 气体的配布管网；c：CO_2 浓度控制器；d：CO_2 气瓶及浓度调控器），设置 340 ppm（通常大气中的浓度值）、900 ppm 及 1400 ppm（多数植物光合作用促进的饱和点）这 3 个 CO_2 浓度水平。每个浓度下设置 5 个处理，即 RT1、RW1、RW3、BT1 和 BW1（R 代表红壤，B 代表黑土；T 代表自来水，W 代表沼液；1 代表水力负荷 1 cm·d^{-1}，3 代表水力负荷 3 cm·d^{-1}）。进而进行肯塔基蓝草的盆栽实验。根据对植物长势的观察，每隔一天测定各盆中土壤中部的 CO_2 浓度；每周进行出水水质分析；收获植物 2 次，并进行养分含量分析。沼液、自来水施用停止后，采集土壤样品，分析

（a） （b） （c） （d）

图 3-9 CO_2 浓度自动调控小室中的盆栽实验

其化学及微生物学性质。

关于 CO_2 浓度的升高对土壤消纳污水的系统处理效果的影响，主要从如下两个方面得到体现。一方面，是对植物生物量（图 3-10）及其相应的养分物质移除量（图 3-11）的积极影响。该现象与 CO_2 浓度升高对植物的光合作用能力的提升是密不可分的。据此，可以计算出 CO_2 的添加对于增加植物养分移除量的效率（表3-6），而这也属于国内外首次对相关内容进行的研究报道。

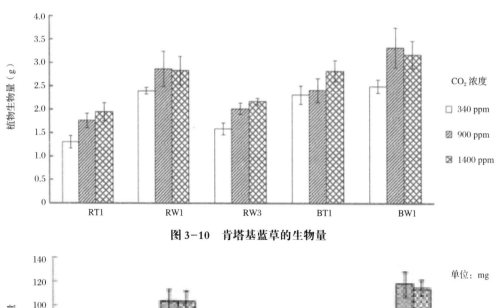

图 3-10 肯塔基蓝草的生物量

图 3-11 肯塔基蓝草中养分物质的量

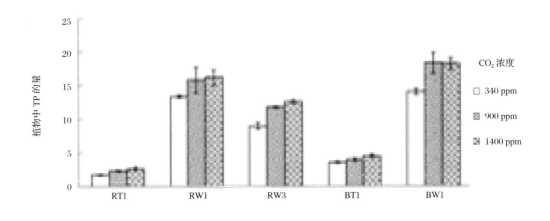

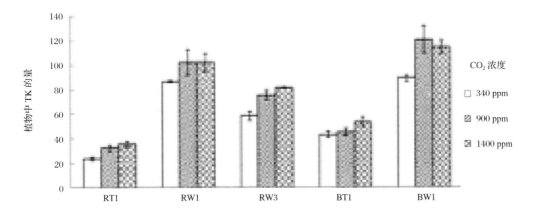

图 3-11（续） 肯塔基蓝草中养分物质的量

表 3-6 CO_2 的添加对于增加植物养分移除量的效率

营养元素	每单位 CO_2 浓度升高，通过营养回收所增加的植物收获量（μg/ppm CO_2）				
	RT1	RW1	RW3	BT1	BW1
TN	8.8	16.8	20.8	7.6	25.4
TP	0.8	2.7	3.5	0.9	4.0
TK	11.3	14.9	22.0	9.7	24.6

　　另一方面，是对土壤中硝化过程的积极影响，如图 3-12 所示，随着 CO_2 浓度的升高，土壤中硝化菌的硝化潜势也相应增加。通过对土壤中硝化菌数量的分析，发现细胞数量与硝化潜势间有非常显著的正相关关系（$r= 0.946$，$p < 0.001$）。

这表明不同处理间微生物群落结构本身是非常接近的，而硝化潜势的差异主要是微生物数量的差异造成的。通过进一步对现象（盆栽实验运行期间，不同盆中土壤中部的 CO_2 浓度没有显著差异）的原因进行分析，发现较高的气态 CO_2 浓度（1400 ppm）对于土壤中硝化微生物的硝化反应活性起到的促进作用应为间接实现的，即高浓度的 CO_2 首先对肯塔基蓝草的植株生长产生积极效果，而植株则通过其根系的一系列变化进一步对硝化微生物活性起到促进作用。

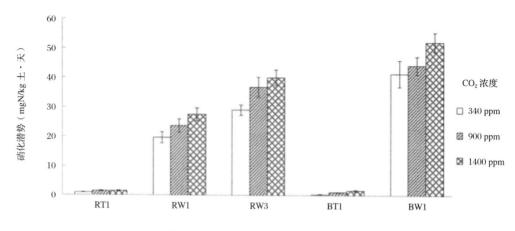

图 3-12　土壤中硝化菌的硝化潜势

研究表明，较高的 CO_2 浓度（1400 ppm）在本系统中对污水中养分物质的承载能力有积极影响。一方面，通过促进植物的光合作用，对于植物的生物量以及与之相关的养分物质移除量有促进作用。另一方面，研究还发现较高的 CO_2 浓度对于土壤中硝化菌的硝化反应活性起到促进作用，显著提升了土壤吸附的铵态氮的去除效率，进而从机制上解释了这一促进作用的间接性特点，即高浓度的 CO_2 首先对植株生长产生积极效果，而植株则通过其根系处的一系列变化进一步对土壤中硝化菌的活性起到促进作用。以此为依据，今后推荐在利用土壤进行污水中的养分物质处理及回用的过程中，考虑以各种手段升高 CO_2 的浓度，以提升体系对污水中铵态氮的承载能力和处理能力。

2. 沼液成分及施用负荷的影响分析

如表 3-7 所示，从沼液成分及施用负荷的角度，对系统的潜力及局限性进行探索。T1 为自来水对照处理。T2 模拟前端"兼氧处理"沼液的一级出水的情形。

T3—T8 则为不同铵态氮比例及不同水力负荷处理（铵态氮比例不同考虑的是前端"兼氧处理"可能的硝化反应的不同程度，以及植物可能的耐受力及偏好；不断升高的水力负荷则是为了进一步探索系统对氮素处理能力的极限）。根据前述研究结果，选用具有提升潜力的红壤及肯塔基蓝草作为实验对象，进行实际沼液施用的土柱实验研究。

表 3-7　土柱实验用水的成分

	T1	T2	T3	T4	T5	T6	T7	T8
BOD，mg/L	ND	400	26.7	26.7	26.7	26.7	26.7	26.7
TN（NH_3-N%），mg/L	2.4 (0%)	192.4 (99%)	192.4 (99%)	192.4 (49%)	192.4 (99%)	192.4 (49%)	192.4 (99%)	192.4 (99%)
TP，mg/L	ND	81.7	81.7	81.7	81.7	81.7	81.7	81.7
TK，mg/L	5.0	107.7	107.7	107.7	107.7	107.7	107.7	107.7
水力负荷，cm/d	3	3	3	3	5	5	7	7

注：ND 表示未检出。

出水水质情况如图 3-13 所示，土壤中铵态氮的积累情况及土壤硝化菌的硝化潜势分别如图 3-14 和图 3-15 所示，植物生物量则如图 3-16 所示。

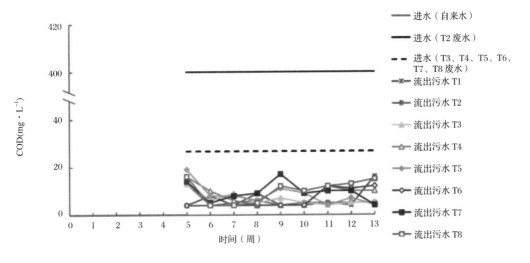

图 3-13　出水水质

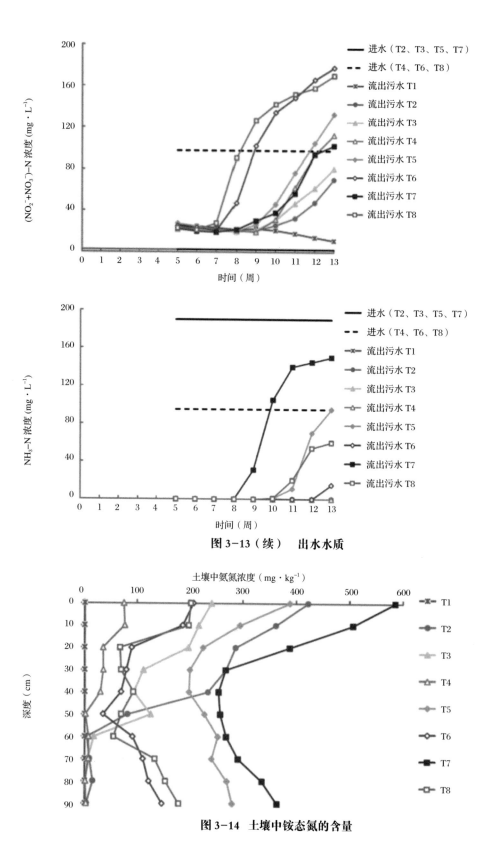

图 3-13（续） 出水水质

图 3-14 土壤中铵态氮的含量

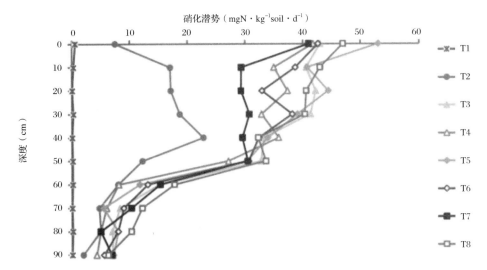

图 3-15 土壤中硝化菌的硝化潜势

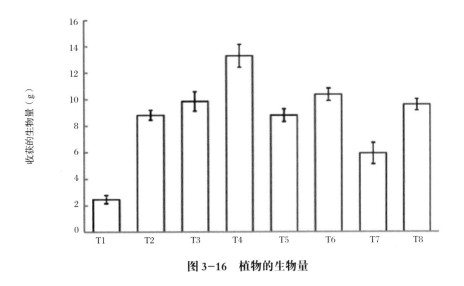

图 3-16 植物的生物量

从结果中可以看出 T5—T8 是不可取的。观察到了出水中铵态氮浓度逐步上升、土壤中铵态氮大量积累的不利现象。即便在 BOD 的负面影响可以忽略不计的情况下，过高的水力负荷所带来的过高的氮负荷，已经超过了系统承载能力所能承受的极限。相对而言，T3 和 T4 是可取的。T4 中的污染物总量负荷达到可行性实验中"红壤—苜蓿"组合的 1.7 倍和"黑土—肯塔基蓝草"组合的 3 倍，仅是铵态氮负荷更高，达到可行性实验中"红壤—苜蓿"组合的 3.3 倍和"黑土—肯塔基蓝草"组合的 6 倍。综合考虑土壤对铵态氮的去除效果以及植物的收获生物量问题，从厌氧消化出水沼液的净化及资源化利用工艺来看，T3 应比 T4 在"兼氧处理"阶段需要更低的能耗和处理成本；而 T4 则有望比 T3 收获更高的生物量、更好的植物品质及更高的经济价值。实际应用时，可在二者之间选择折中方案。因此，T3、T4 可以作为之后土壤氮素承载能力上限的计算依据。此外，T2 处理也是不可取的，BOD 对于硝化反应的影响显而易见。前端"兼氧处理"出水如果直接接入土壤处理系统及资源化利用，由于 BOD 浓度的影响，水力负荷需要相应降低，而且氮素将会在不满负荷的情况下运行，T2 处理的氮素负荷与 T3、T4 相同，达到氮素承载能力上限，尽管出水水质并未出现氨氮，但可以看出硝化菌活力受到高 BOD 负荷的严重负面影响，长期而言必将出现出水水质超标现象，可以此为依据进行 BOD 承载能力计算。

研究结果表明，针对以红壤为载体的养殖污水资源化利用系统对污水中氮的承载能力及局限性实验分析，红壤（附种植物）无法承担过高的水力负荷及相应的养分负荷，否则会超过其对铵态氮的承载能力，破坏系统的稳定性和可持续性。因此，养殖污水成分氮素是养殖污水资源化利用的最关键因素。研究设置的 T3 和 T4 两种条件可作为该技术氮素承载能力的计算依据。

（二）红壤消纳养殖污水 NH_4^+ 和 BOD 的承载理论阈值

红壤作为一种风化程度较高、有机质含量较低、富含铁铝而缺乏植物养分元素、耕作性较差的土壤，在农业上一直被视为较为劣质的土壤类型。然而，根据本研究的结果，红壤可适合作为最大极限消纳和利用养殖污水的类型土壤，而且研究还表明，尽管不同的"土壤—植物"组合均能较好地实现污水中氮磷钾的处理和资源化利用，即便是比常规的大田作物等具有更强耐受力和养分吸收移除能力的草类作物，其在沼液资源化利用处理的过程中对各养分元素的吸收量也仅占养殖污水输入土壤的养分总量的 10% 左右。绝大部分的氮磷还是需要通过土壤中的各种物理化学和生物化学过程而得以净化移除，植物对养分的移除量这一因素可以忽略不计。因此，以 T3、T4 处理实践效果如图 3-17 和表 3-8 所示为基础，对红壤承载量进行计算并确立养殖污水资源化土壤消纳利用的环境承载阈值系数，其中公式为承载量 = 污水中某物质的浓度 × 水力负荷。

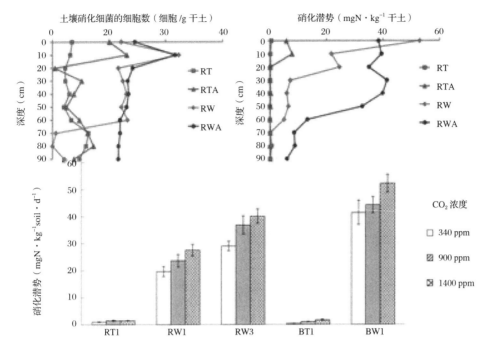

图 3-17 土壤承载影响要素

表 3-8 氮磷的承载负荷

	T1	T2	T3	T4	T5	T6	T7	T8
BOD, mg/L	ND	400	26.7	26.7	26.7	26.7	26.7	26.7
TN（NH_3-N%）, mg/L	2.4 (0%)	192.4 (99%)	192.4 (99%)	192.4 (49%)	192.4 (99%)	192.4 (49%)	192.4 (99%)	192.4 (99%)
TP, mg/L	ND	81.7	81.7	81.7	81.7	81.7	81.7	81.7
TK, mg/L	5.0	107.7	107.7	107.7	107.7	107.7	107.7	107.7
水力负荷, cm/d	3	3	3	3	5	5	7	7

　　根据环境载体红壤对养殖污水有效养分的去除及资源化利用机制研究结果和对不同负荷的潜力和局限性探讨表明，其中养殖污水成分氮素是养殖污水资源化利用的最关键因素。红壤对总氮的承载量需严格控制，阈值承载量为 192.4 mg·L^{-1}×3 cm·d^{-1} = 5.8 g·m^{-2}·d^{-1}；同时氮素在最高承载能力条件下 BOD 的阈值承载量为 200 mg·L^{-1}×3 cm·d^{-1} = 6 g·m^{-2}·d^{-1}。即使在氮素负荷低于最高承载能力的情形下运行，尽管 BOD 的承载量可适当提高，但仍建议不超过此值，以免对硝化反

应造成进一步的负面影响。红壤对总磷的阈值承载量为 $81.7 \text{ mg} \cdot \text{L}^{-1} \times 3 \text{ cm} \cdot \text{d}^{-1} = 2.5 \text{ g} \cdot \text{m}^{-2} \cdot \text{d}^{-1}$。土壤通过吸附和沉淀等反应对磷素具有非常好的处理效果，加之红壤中大量存在的铁铝离子和氧化物等，更是对磷的专性吸附效果显著。因此，在正常的养殖污水类型及其氮磷比范围内，土壤对磷素的承载能力极大，不需要特别关注。

研究表明了以极限消纳利用养殖污水的环境载体红壤土作为代表性载体的科学性，在系统分析红壤土的物化特性及土壤中物质运移特性的基础上，系统阐明红壤土对沼液有机物去除以及氮磷钾等养分物质的吸附—截留—转化机制和利用机制，输入 BOD 的完全降解、氮素的完全移除（包括 10% 左右的植物直接吸收利用）、磷素的完全移除（包括 10% 左右的植物直接吸收利用，以及 15% 左右以植物有效态的形式在土壤表层的富集）以及约三分之一的钾素的吸附截留（包括 10% 左右的植物直接吸收利用，以及其余完全以植物有效态的形式在土壤表层的富集），输入 BOD、氨氮浓度、植物类型等对红壤土可持续承载和利用能力的主要影响作用，其中高浓度 BOD 和氨氮是影响养殖污水资源化安全利用的核心关键因素，其承载负荷阈值为 BOD $\leqslant$ 400 mg/L 或 $NH_4 \leqslant$ 192.4mg/L。

五、养殖污水资源化安全利用阈值调控技术模式

当前，我国畜禽养殖业发展依然存在废弃物产生量大、综合利用水平低，废弃物资源浪费和流失严重的情况，部分地区畜禽养殖总量排放超过环境承载能力，长时间积累导致地下水硝酸盐及重金属的沉积，对地表水和地下水构成污染并严重降低土壤质量，区域生态环境受到严重威胁。因此，有效调控畜禽养殖污染物的排放，在不超过环境承载能力的情况下实施废弃物资源的利用，采取因地制宜的防控措施，根据区域环境承载阈值确立不同模式的养殖污水资源化利用技术，消除养殖污水以土壤为载体的资源化利用输入超出土壤消纳承载能力或作物吸收能力造成土壤的可持续安全利用风险，这对解决养殖业污染物治理、促进我国农业经济的可持续发展和农业产业结构的调整有着重大的意义。

（一）养殖污水资源化安全利用关联阈值指标

根据消纳养殖污水载体土壤的承载阈值，为实现养殖污水资源化利用的安全

性，对应区域可利用载体土壤的有效资源，防止耕地土壤、地表水和地下水的累积效应污染，真正实现"种养结合"的有效生态循环利用，对其排放量或排放指标必需实施有效的调控，相应的控制性关联阈值指标如图3-18所示：氨氮承载极限系数 $K_1 \leqslant 192.4 \text{ mg} \cdot \text{L}^{-1} \times 3 \text{ cm} \cdot \text{d}^{-1} \div 1 \text{ m} = 5.8 \text{ g} \cdot \text{m}^{-2} \cdot \text{d}^{-1}$，BOD承载负荷极限系数 $K_2 \leqslant 200 \text{ mg} \cdot \text{L}^{-1} \times 3 \text{ cm} \cdot \text{d}^{-1} \div 1 \text{ m} = 6 \text{ g} \cdot \text{m}^{-2} \cdot \text{d}^{-1}$。因此，以养殖污水排放量 Q、排放负荷 C（氨氮或BOD）和消纳面积 S 为指标，对一定区域的养殖规划、养殖污染物排放控制，保障环境承载安全的阈值指标匹配关系式 $Q \leqslant K \times S/C$。

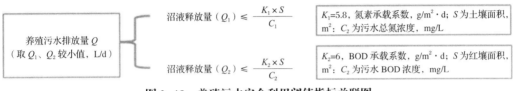

图3-18 养殖污水安全利用阈值指标关联图

（二）养殖污水安全利用调控基本框架与调控技术模式

为了保障养殖污水的安全资源化利用及其营养成分的高效利用，必须在养殖污水施于土地之前进行适当的减量化、无害化处理，一定程度地降低其中BOD、氮、磷的浓度，避免氮素超标引起作物疯长，以致倒伏而降低产量，消灭病虫卵及有害微生物，达到安全可持续利用的基本条件。

养殖污水的厌氧处理及厌氧污水中各指标的去除主要依赖不同微生物菌株的作用。污水中有机物的成分主要有蛋白质、单糖、氨基酸、维生素等，这些有机物容易被微生物代谢利用，维持其生长繁殖的需要。还有一些纤维素等不容易降解的有机物，可以采用能够产生纤维素酶的微生物，使之降解成小分子后进一步被微生物利用，在此过程中，微生物表现出了自身的生物降解特性。同时，基于畜禽养殖污水及其厌氧消化出水富含植物可吸收利用的养分物质和传统"土壤（附种植物）"自然处理方式（Natural Treatment System）的消纳潜力，此类养殖污水资源化利用处理技术被长期应用，经过相当长一段时间的发展，衍生出了各种各样的形态，包括灌溉系统、快速渗滤系统、人工湿地系统、地下渗滤系统等，其基本处理原理大致可概括为：养殖污水中的有机污染物可通过物理及物理化学过程被植物和土壤截留，之后通过微生物的代谢活动而降解去除。其中，氮素的移除程度常常被认为是决定其资源化利用成功与否以及效率高低的最为关键的因素，铵态氮被土壤吸附、微生物介导的硝化反应和反硝化反应，以及植物的吸收是最为主要的氮素移除途径。由于磷素与土壤接触后可迅速发生专性吸附及沉淀反应等，加之植物进一步的吸收，通常情况下磷素并不成为处理难点。而土壤中附种的植物，除了发挥对氮、磷等物质直接的吸收作用以外，还能够保持并改进土壤的通透能力，缓解处理过程中的土壤侵蚀，并对关键的功能微生物起到重要的支持作用。但是，此类技术的应用忽略了"土壤（附种植物）"消纳的极限性以及对养殖污水关键指标 BOD、氮、磷的关联性。通常情况下，仅土壤通透性这一物理性质受到关注，而土壤其他的物理、化学、生物特性对处理过程可能产生更加重大的影响则往往被忽略，因而几乎没有针对养殖污水成分的特性进行不同土壤类型处理养殖污水的科学分析和消纳承载能力评价这一方面的科学研究。

在实际工程中，为了节约成本，养殖污水直接排放导致土壤对养殖污水的处理效率低下和累积效应污染，直接影响区域生态平衡。同时，传统的养殖污水灌溉处理模式中，通常在土壤中选种大麦、高粱、玉米等大田经济作物，养殖污水养分物质含量和比例往往不能够很好地满足作物的生长需求，也间接对食品安全和人类健康带来不同程度的影响。而单一"占地面积庞大"也是养殖污水资源化利用技术的通病，不利于养殖产业区域结构科学调整和布局优化，不利于养殖企业在养殖污水资源化安全利用中对多元化治理技术方案进行科学优化和提升。

如图 3-19 所示为养殖污水—土壤消纳利用阈值调控基本框架。根据"养殖污水—土壤消纳"的资源化循环利用基本机制及其消纳转化利用机制，土壤表层作为硝化反应活跃区域，对于高 BOD 负荷的忌讳，以及土壤深层作为反硝化作用功能区域对于微生物可利用有机碳的需要，在保障环境承载安全的阈值指标匹配关系式 $Q \leq K \times S/C$ 的前提下，计算明确输入消纳载体土壤的养殖污水关键性指标 BOD 和 NH_4^+ 阈值，选择性调控养殖规模、污水排放量及其关键性指标 BOD 和 NH_4^+ 的多元化系列处理技术，以保障环境消纳养殖污水生态安全的容量平衡，实现种植业环境容量制衡（以地定养）—安全阈值指标调控—种植业与养殖业有效衔接的养殖污水资源化循环利用。

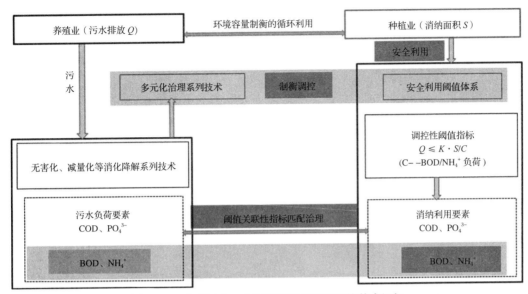

图 3-19　养殖污水—土壤消纳利用阈值调控基本框架

畜禽养殖污染物还田资源化利用是一种比较切合实际的污染物处理方式，在我国已有上千年的历史，这种方式的优点在于：第一，减少了畜禽污染物"达标排放"的处理费用，使畜禽污染物处理费用不再成为畜禽养殖场沉重的经济负担；第二，解决了从畜禽养殖业到种植业之间的"断链"问题，实现了养殖业与种植业之间的良性循环，既解决了畜禽养殖业的环境污染问题，又增加了土壤养分含量，减少了化肥的使用量，降低了农业生产成本，提高了农业效益。

然而这种传统的粗放式的还田方式并没有解决畜禽污染问题，反而使我国的畜禽污染问题有越演越烈之势，究其原因主要是传统的污染物还田并没有充分考虑畜禽污染物的特性、土壤及作物营养需求量、土壤的水盐运动规律、当地的气候特征、污染物施用农田的风险及污染物还田的经济效益等因素，而只是将土壤作为一种天然的无限制的污染物处理场所。

在养殖污水肥用安全基本架构下，土壤作为养殖污水资源化利用的主要环境载体，在其安全承载条件下，通过自然消纳吸附与转化降解，是治理养殖污水并实现资源化利用的有效路径之一。因此，以消纳载体土壤的承载力，即种植环境容量的平衡施用的有效衔接是实现粪污安全利用的便捷化基本路径。

如图 3-20 所示，一定区域养殖产业结构布局和规模化程度与种植业的合理科学配置及其养殖污水处理技术的优化，形成种植业与养殖业有效融合衔接的"以地定养—平衡施用"种养结合循环模式框架。养殖污水中"污染物"的特殊属性及其赋存形态，其资源化利用过程中可能发生污染的"隐性转移"和邻避效应的二次污染风险，主要以"以地定养—平衡施用"种养结合循环利用衔接的 BOD 和 NH_4^+ 关联性指标为关键调控要素，在阈值指标匹配关系式 $Q \leq K \times S/C$ 的基础上，形成二元调控的三种典型技术模式与关键路径，如图 3-21 所示。

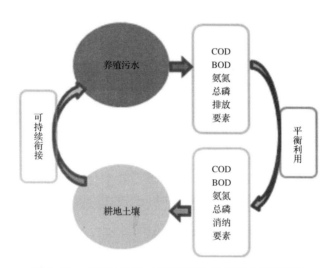

图 3-20　"以地定养—平衡施用"种养结合衔接框架

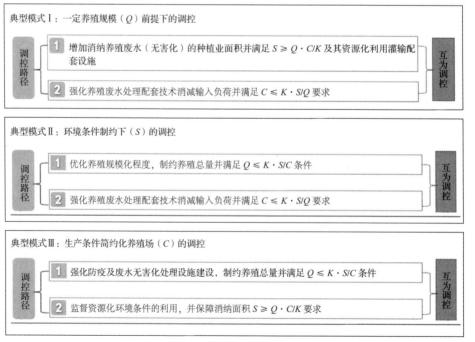

图 3-21　循环利用典型技术调控模式

模式Ⅰ养殖规模 Q 与输入负荷 C 互为调控：消纳利用环境条件制约下 S 定量情况，优化养殖规模化布局，有效调控养殖排放总量 $Q \leqslant K \cdot S/C$，或强化技术削减输入负荷 $C \leqslant K \cdot S/Q$；模式Ⅱ输入负荷 C 与消纳面积 S 互为调控：在一定养殖规模的基础上，养殖规模或养殖排放量 Q，通过增加消纳种植业面积容量并 $S \geqslant Q \cdot C/K$ 或强化养殖废水处理配套技术削减输入负荷 $C \leqslant K \cdot S/Q$；模式Ⅲ养殖规模 Q 与消纳面积 S 互为调控：生产条件简约化的养殖场，养殖污水处理技术提升空间不足的情况下，强化防疫及废水无害化处理设施建设，制约养殖总量保障养殖排放量 $Q \leqslant K \times S/C$，或监督改善资源化环境条件，增加种植消纳利用面积 $S \geqslant Q \times C/K$。因此，土壤载体对养殖污水特性指标COD、PO_4^{3-}、BOD、NH_4^+ 的吸附、截留、降解、转化，构成了体系的循环链接，衔接体对关键关联要素BOD、NH_4^+ 的阈值调控利用，形成了系统循环可持续性和环境安全性的主要技术评价指标，并决定技术集成耦合路径及应用实践。

如图3-22循环联动治理战略性技术框架所示，"偶联要素链接—阈值制衡调控—种养循环衔接"的联动治理，是实现粪污资源化安全利用的便捷化基本路径，典型调控模式中的两个关键调控路径相应变量的双向二元调控机制，有效指导区域产业结构布局（规模程度、产业融合及配套技术等）合理匹配与科学优化，为养殖企业提供多元化的治理技术方案，是有效促进并实现"政府科学推动—企业自觉推进"政企双赢的关键举措。

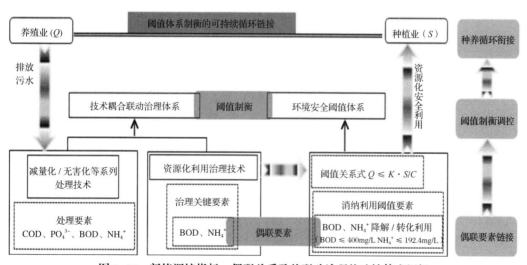

图3-22　阈值调控指标、偶联关系及其联动治理战略性技术框架

第四章

养殖污水资源化利用治理系列技术

在养殖污水养分及有机物资源化循环利用基本框架内，以构成养殖污水资源化利用环境安全阈值体系的"养殖—种植"区块链系统各个部分为研究对象，从系统总体预期目标出发，分析各种因素关系之间、各元素之间及元素与整体系统之间的有机联系，通过横向技术、纵向技术以及技术之间及技术与系统之间的融合效应，寻求最佳耦合技术方案及系统整体最佳效果。

一、多功能一体化减量化装备与技术

通过机械结构与功能集成的优化，创新设计了养殖污水不同孔径多级过滤固液分离装置、滤渣与沼渣的压滤装置和砂滤—活性炭融合的二级滤除装置，集成了养殖废水多功能一体化减量化装备技术，减少废水消化负荷并实现滤渣的资源化利用，降低污水污染率35%～49%，具有高效性与简便性。

二、高密度聚乙烯材料高效厌氧装置技术

（一）高密度聚乙烯膜（HDPE膜）的性能及创新性应用

厌氧发酵装置材料的性能对畜禽养殖污染物消化处理起着至关重要的作用。防渗膜材料具有较高的刚性和韧性，化学稳定性好、机械强度好，耐腐蚀、耐环境应力开裂与耐撕裂强度性能好，目前广泛应用于环境工程领域，如垃圾填埋场。本项目采用具有良好防渗能力的HDPE膜作为新型建池材料。应用材料科学技术，开展防渗膜材料的力学性能、化学性能、物理性能等材料应用技术研究。结合沼气发酵池建设标准中制作材料的要求（如发酵工艺要求的极限压力、气密性、防腐蚀、抗

老化等要求），比对论证，寻求两者的匹配程度。HDPE 膜厚度有 0.25 mm、0.35 mm、0.5 mm、0.75 mm、1.0 mm、1.5 mm、2.0 mm 七种规格，随着厚度的上升，抗拉和抗剪能力相应提高，价格也随之上升，综合考虑 HDPE 的性能和价格，本项目选取 1.5 mm 厚的防渗膜从抗拉强度、断裂伸长率、水蒸气渗透系数、炭黑含量（黑色膜）方面开展建池材料性能测试。

1.5mm 厚的 HDPE 膜的抗拉强度、断裂伸长率、水蒸气渗透系数、炭黑含量（黑色膜）分别为 32MPa（满足极限承压 > 18MPa，材料强度安全系数为 1.78，符合 $K \geqslant 1.5$ 的要求），630%、0.86 g·cm/(cm^2·s·Pa)、2.6%，满足《土工合成材料聚乙烯土工膜》国家标准（GB/T 17643—1998）（抗拉强度 $\geqslant$ 25 MPa、断裂伸长率 $\geqslant$ 550%、水蒸气渗透系数 < 1.0×10^{-16} g·cm/(cm^2·s·Pa)、炭黑含量（黑色膜）$\geqslant$ 2%），同时满足大中型沼气池的极限承压 12MPa 的要求，充分保障了厌氧发酵装置材料力学性能及密封性，因此本项目选取 1.5mm HDPE 膜用作沼气池覆膜。

（二）HDPE 膜厌氧发酵装置优化设计

1. 装置结构优化设计

厌氧发酵装置（沼气池）是沼气工程的核心部件。近些年，国内研究的厌氧发酵装置，其运行负荷都较小，很难起到对畜禽养殖污染物无害化高效处理的作用。为了克服现有厌氧发酵装置结构复杂、投资大、效率低、自循环内动力不足的缺点，研究能使原料充分发酵的厌氧发酵装置是提高产气量的关键。根据产业化生产的厌氧发酵装置结构的优化设计要求，在保证发酵工艺基本要求的前提下，充分考虑厌氧发酵装置制作的难易程度、用料和厌氧消化处理效率。

（1）装置型体优化设计

根据几何学原理和厌氧发酵装置的设计原则，借鉴已有的圆筒形反应器进行优化设计，将厌氧反应器的型体设计为椭球体结构，设计 $a=Kb$ 和 $c=b/K$，$V=4\pi b/3$，参数 K 值的选择结合建设场地条件按 c 为 5m 条件确定椭球体长轴半径 a、短轴半径 b 和 Z 轴轴向半径 c。这种结构具有结构力学性能好，刚度大、强度高、节省材料和经济合理的优点。因此，本设计将厌氧反应器的型体设计为椭球体结构，并在此基础上进行厌氧发酵装置结构优化设计。

（2）装置内搅拌系统优化设计

沼气工程常用的混合搅拌方式大致可分为气体搅拌、液体搅拌和机械搅拌。气体搅拌对高浓度发酵系统提高沼气产气率无明显作用（畜禽养殖污水属于高浓度有机废水）。机械搅拌设备投资及能耗较大、易发生故障、管理维护复杂。采用液体搅拌系统，可实现发酵液的均匀混合，混合效果也好。因此，本设计在厌氧发酵装置中的进料管端口设计90°叉形管（图4-1），形成双向射流，实现厌氧装置内新旧料液的无动力均衡搅拌，使装置内部料液循环流动，这样既不造成发酵菌种的流失，又能实现发酵物料和微生物均匀分布于厌氧发酵器内的目的。该设计具有能耗低、设备投资少、污水处理效果好等优点。

（3）装置进料管、出料管定位优化

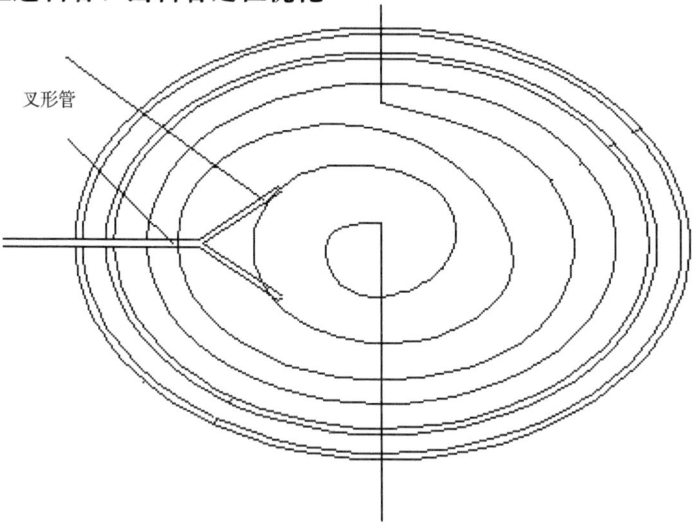

图4-1　反应装置系统进料叉形管图

借鉴卧式推进式搅拌器对圆柱形容器厌氧装置最佳混合效果的设计参数，本设计进料管和出料管在水平截面投影位置上，平行但不重合，进料管位于离底部2/3高度的椭圆长轴顶端处，出料管高出进料管20～30mm（图4-2）。优化设计后，厌氧系统内进料液相对于椭球体的中轴线有转动冲量，使发酵液在发酵装置内绕椭球体中心轴有转矩，带动发酵液在发酵装置内转动，扩大混合搅拌的作用范围，消除发酵盲区，提升发酵装置混合效果。

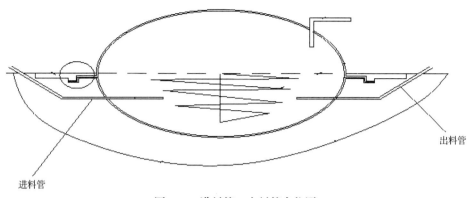

出料管

进料管

图 4-2　进料管、出料管定位图

2. HDPE 膜厌氧发酵装置优化定型

选择性能与大中型沼气池建池要求相匹配的 HDPE 膜为主体材料，从型体、混合搅拌和进料、出料位置方面优化了厌氧发酵装置的结构，按照优化结果确定了如下厌氧发酵装置，见图 4-3，图 4-4 为图 4-3 的 A 部放大图。具体制作过程如下：以 HDPE 材料为厌氧发酵装置的覆膜，首先在土壤表面挖设有半椭球形凹坑，在半椭球形凹坑内铺设下覆膜，下覆膜上连接有上覆膜，下覆膜侧部插入进料管，进料管的出料端连接叉形管，下覆膜位于进料管的相对侧，设有导气管和出料管。施工时，首先进行场地开挖处理及管件预埋：在土壤表面按照设计需要，挖设半椭球形凹坑和凹坑上周边缘环形沟，清理坑内及沟内硬物并均匀铺平，在离底部 2/3 高度的椭圆长轴顶端处安装进料管、叉形管和导热管（利用沼气发电余热），对称椭圆长轴顶端处安装出料管，且出料管高出进料管 20 ~ 30mm。叉形管为两端交叉形成 90° 的管件，叉形管的交叉位置与进料管的出料端连接。接着，覆膜热熔焊接成型：在半椭球形凹坑和环形沟上铺平覆膜，修整后采用热熔器将覆膜焊接成半椭球形下覆膜，同样再次铺平覆膜，修整后热熔焊接成半椭球形上覆膜，并安装导气管，之后通过凹坑上周边缘环形沟处覆膜的热熔焊接覆土成型。

（三）发酵工艺研究

应用流体力学、伯努利方程等多学科理论，拟合厌氧发酵原理，探索定型厌氧发酵装置中物料的混合搅拌效果和流体运动规律，评价厌氧消化高效性的科学规律。

利用流体力学探索流体的运动规律。畜禽养殖废水由进料管进入厌氧发酵装

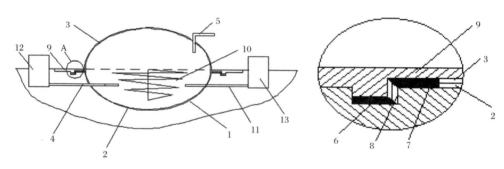

图 4-3　覆膜厌氧反应装置构造示意图　　　　图 4-4　A 部放大图
1：半椭球形凹坑；2：下覆膜；3：上覆膜；4：进料管；5：导气管；6：凹环沟；7：上表面；
8：竖直面；9：覆土；10：导热管；11：出料管；12：进料过渡井；13：出料过渡井

置底部后，带动厌氧发酵装置内部流体流动，使发酵装置中的流体呈现出螺旋上升的流动型式。这是由于 90° 叉形管在水平方向上的排出量形成液体冲击流，冲击流沿池壁发生折流，使发酵装置内流体的总体运动趋势是沿发酵装置水平方向形成环向流动。同时进料管与出料管不在同一个水平面上，冲击流遇到发酵装置池壁后，在池壁的导流作用下，使流体沿发酵装置内壁运动，使流体在发酵装置内部相对于椭球体中轴线有转矩，沿发酵装置轴线方向从下向上运动，即轴向运动。环向流动和轴向运动两种运动共同存在，使装置内流体流型呈现螺旋上升的流动型式，带动整个厌氧发酵装置内的流体流动，促进新旧发酵液混合均匀。根据伯努利方程（$p+\rho gh+(1/2)\times\rho v^2=C$，式中 p、ρ、v 分别为流体的压强、密度和速度；h 为铅垂高度；g 为重力加速度。上式各项分别表示单位体积流体的压力能 p、重力势能 ρgh 和动能 $(1/2)\times\rho v^2$，在沿流线运动过程中，总和保持不变，即总能量守恒），流体的流速与压强呈反比，流体流速越大，周围就越容易形成负压。进入装置底部的畜禽养殖污水的流速越大，进入装置后对流体形成的作用力就越大，对发酵液起到的混合作用就越明显，因此增大进料速度有利于提升厌氧发酵的高效性。

综上所述，HDPE 膜厌氧发酵装置结构的优化设计将会使畜禽养殖废水进料后产生沿装置内壁的环向流动和轴向方向的上升流动，径向方向上造成相对流动，使厌氧消化器内发酵物料和微生物随发酵液的流动均匀分布于厌氧发酵装置内，达到发酵物料均匀混合的目的，打破静态发酵状态，实现动态发酵。

（四）HDPE 覆膜厌氧发酵装置的实践应用与效果分析

HDPE 材料高效厌氧装置技术获得国家专利（专利号为 ZL 2016210744262），并在多家规模化养殖基地推广实践应用，均取得了很好的应用效果。

1. 实例一：福建省莆田市某农牧有限公司

该公司生猪存栏 3000 头。

（1）HDPE 覆膜厌氧装置型体尺寸设计

在该公司内建设养殖污水覆膜厌氧发酵装置 400m³，取 $K=1.5$，计算求得 $b=4.6$，$c=3.06$ 和 $a=6.9$。

（2）场地开挖处理及管件预埋

在土壤表面开挖 7.0m×5.0m×3.0m（取整数）的半椭球形凹坑和凹坑上周边缘环形沟，清理坑内及沟内硬物并均匀铺平，在离底部 2/3 高度的椭圆长轴顶端处安装进料管、叉形管和导热管，对称椭圆长轴顶端处安装出料管，且出料管高出进料管 20～30mm。

（3）HDPE 覆膜热熔焊接成型

在半椭球形凹坑和环形沟上铺平覆膜，修整后采用热熔器将覆膜焊接成半椭球形下覆膜，同样再次铺平覆膜，修整后热熔焊接成半椭球形上覆膜，并安装导气管（覆膜可预先留好定位孔），之后通过凹坑上周边缘环形沟处覆膜的热熔焊接覆土成型。

（4）覆膜厌氧发酵装置启动运行与效果测定

通过对猪场污水处理设施进水口和出水口进行采样、检测，得到表 4-1 试验数据。数据显示，污水进水样中 COD 为 8020mg/L，BOD 为 3720mg/L，悬浮物 SS 为 1228mg/L，大肠杆菌为 1360 个 /100mL，蛔虫卵 25 个 /L，说明养殖污水中的有机物、固体物和有害微生物等含量很高，在 HDPE 覆膜厌氧发酵装置内厌氧消化后，COD_{cr}、BOD_5 和 SS 降解率均达到 80% 以上。由图 4-5 可知，甲烷体积积分数在 6d 后达到 68.2% 以上，VS 产气率在第 10d 达到 250mL/g，具有显著的厌氧消化效果。这说明本项目设计的 HDPE 覆膜厌氧发酵装置厌氧消化效果好，但是由于污水初始的污染物基数过高，造成处理后的各项指标仍然很高，需要相应的净化技术配套使用才能实现资源化利用或达标排放。

表 4-1 　 福建省莆田市某农牧有限公司 HDPE 厌氧发酵装置污水处理效果

项 目	COD_{cr} （mg/L）	BOD_5 （mg/L）	SS （mg/L）	大肠杆菌 （个/mL）	蛔虫卵 （个/L）
进料前	8020	3720	1228	1360	25
进料后	1490	425	203	75	1
降解率 (%)	81.4	88.6	83.5	94.5	96

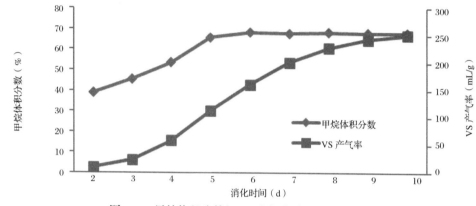

图 4-5 　 甲烷体积分数与 VS 产气率随消化时间的变化

2. 实例二：福建某牧业有限公司

该公司为国家生猪储备基地，生猪存栏 45000 头，建设养殖污水覆膜厌氧发酵装置 30000m³。

（1）HDPE 覆膜厌氧装置型体尺寸设计

建设养殖污水覆膜厌氧发酵装置 30000m³，取 $K=2.0$，计算求得 $b=19.0$，$c=9.5$、$a=38$。

（2）场地开挖处理及管件预埋

在土壤表面开挖 38m×19m×9.5m 的半椭球形凹坑和凹坑上周边缘环形沟，清理坑内及沟内硬物并均匀铺平，在离底部 2/3 高度的椭圆长轴顶端处安装进料管、叉形管和导热管，对称椭圆长轴顶端处安装出料管，且出料管高出进料管 20 ～ 30mm。

（3）HDPE 覆膜热熔焊接成型

在半椭球形凹坑和环形沟上铺平覆膜，修整后采用热熔器将覆膜焊接成半椭球形下覆膜，同样再次铺平覆膜，修整后热熔焊接成半椭球形上覆膜，并安装导气管（覆膜可预先留好定位孔），之后通过凹坑上周边缘环形沟处覆膜的热熔焊接覆土成型，成型后的 HDPE 覆膜厌氧发酵装置如图 4-6 所示。

图 4-6　HDPE 覆膜厌氧发酵装置的实践应用

（4）HDPE 覆膜厌氧发酵装置启动运行与效果测定

通过对猪场污水处理设施进水口和出水口进行采样，检测结果如表 4-2 所示。数据显示，污水进水样中 COD 为 6830mg/L，BOD 为 2870mg/L，悬浮物 SS 为 1040mg/L，大肠杆菌为 1280 个 /100mL，蛔虫卵 38 个 /L，这说明污水中的有机物、固体物和有害微生物等含量很高，在 HDPE 覆膜厌氧发酵装置内厌氧消化后，COD_{cr}、BOD_5 和 SS 降解率均达到 80% 以上。由图 4-7 可知，甲烷体积分数在 6d 后达到 72.1% 以上，VS 产气率在第 10d 达到 300mL/g，具有显著的厌氧消化效果。这说明本项目设计的 HDPE 覆膜厌氧发酵装置厌氧消化效果好，但是由于污水初始的污染物基数过高，造成处理后指标仍然很高，需要相应的净化技术配套使用才能达标排放。

表 4-2　福建某牧业有限公司 HDPE 覆膜厌氧发酵装置污水处理效果

项目	COD_{cr}（mg/L）	BOD_5（mg/L）	SS（mg/mL）	大肠杆菌（个 /mL）	蛔虫卵（个 /L）
进料前	6830	2870	1040	1280	38
进料后	1346	425	150	98	1
降解率 (%)	80.3	85.2	85.6	92.3	97.4

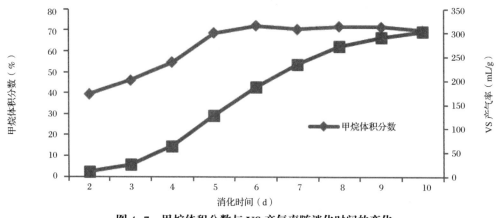

图 4-7   甲烷体积分数与 VS 产气率随消化时间的变化

3. 厌氧发酵装置 TS 和 VS 产气率的比较

传统沼气池有地埋砖混结构沼气池、钢筋混凝土沼气池和搪瓷拼装罐沼气池等形式，使用较多的是钢筋混凝土沼气池和搪瓷拼装罐沼气池，以下对传统沼气池的讨论以钢筋混凝土沼气池和搪瓷拼装罐沼气池为代表。钢筋混凝土沼气池、搪瓷拼装罐沼气池和 HDPE 覆膜沼气池的 TS 产气率和 VS 产气率比较如表 4-3 所示。由表 4-3 可知，HDPE 覆膜厌氧发酵装置的 TS 产气率和 VS 产气率均高于钢筋混凝土沼气池和搪瓷拼装罐沼气池，HDPE 覆膜厌氧发酵装置的 TS 产气率比钢筋混凝土沼气池和搪瓷拼装罐沼气池分别提高 36.19% 和 28.72%，HDPE 覆膜厌氧发酵装置的 VS 产气率比钢筋混凝土沼气池和搪瓷拼装罐沼气池分别提高 45.46% 和 42.37%。这一结果表明，采用本设计的 HDPE 覆膜厌氧发酵装置处理畜禽养殖污水，系统内部气—液—固传质好，厌氧菌和物料混合均匀，甲烷菌利用有机酸和醇类等小分子物质作为底物，甲烷化进程较快，因此，HDPE 覆膜厌氧发酵装置的 TS 产气率和 VS 产气率比传统沼气池高。

表 4-3   三种沼气池的 TS 产气率和 VS 产气率的比较

项　目	钢筋混凝土	搪瓷拼装罐	HDPE 覆膜
TS 产气率 (mL/g)	172.94	182.98	235.53
VS 产气率 (mL/g)	189.52	193.64	275.68

（五）技术创新性与建设经济性分析

1. 材料性能可靠，型体和结构设计合理

HDPE 膜具有很好的防腐、防潮和防渗漏性能，拉伸强度高，化学稳定性好，适用于养殖防渗、人工湖防渗、垃圾填埋防渗、固废填埋防渗等领域。经测试，1.5mm 厚的高密度聚乙烯膜（HDPE 膜）的抗拉强度等性能参数满足《土工合成材料　聚乙烯土工膜》国家标准（GB/T 17643—1998）和大中型沼气池的极限承压要求，充分保障了厌氧发酵装置材料力学性能及密封性，因此 1.5mm HDPE 膜可用作沼气池覆膜。

在型体设计上采用椭球体结构，设计 $a=Kb$ 和 $c=b/K$，所以 $V=4\pi b/3$，参数 K 值的选择结合建设场地条件按 $c \leqslant 5m$ 条件确定椭球体长轴半径 a、短轴半径 b、Z 轴轴向半径 c，进料等和出料管沿长轴方向，增加了料液在厌氧装置内的流程，同时在进料管处连接有叉形管，形成双向射流，实现厌氧装置内新旧料液的无动力均衡搅拌，也充分搅动了该装置中的厌氧菌，从而不会产生厌氧死角，也更能彻底降解粗纤维，有利于进一步提高厌氧产气效率和出水水质。

2. 建设成本低，使用和管理方便

采用 HDPE 膜作为厌氧发酵装置的制作材料，避免了因人工技术或地势条件的差异性而影响厌氧装置建造质量，施工方便、建造成本低，提升了厌氧发酵装置应用的适应性。HDPE 覆膜厌氧发酵装置发酵容积大，污水滞留期长，厌氧消化能力强，提升了厌氧发酵装置应用的高效性。HDPE 覆膜厌氧发酵装置实现了自动进出料，双射流形成物料自循环，避免了机械搅拌产生的高昂电费和维修管理费，运行处理费低。

表 4-4　沼气池立方建造成本

（单位：元 /m³）

建造方式	原料	挖土方	工人工资	建造成本合计
钢筋混凝土	700	200	300	1200
搪瓷拼装罐	800	0	100	900
HDPE 覆膜	20	50	20	90

（注：材料单价：砖：0.5 元 / 块；水泥：600 元 / 吨；石子：85 元 /m³；沙：170 元 /m³；钢筋：4500 元 / 吨，工人工资：200 元 / 天；搪瓷钢板拼装材料 HDPE 膜：200 元 /m²。）

　　由表 4-4 可知，以前建造使用比较多的钢筋混凝土沼气池或搪瓷拼装罐沼气池这类沼气池造价成本比较高，沼气池建造成本分别为 1200 元 /m³ 和 900 元 /m³，而 HDPE 覆膜厌氧发酵装置的建造成本为 90 元 /m³，其建造成本是钢筋混凝土和搪瓷拼装罐的 1/13 和 1/10。HDPE 膜厌氧发酵装置突破了传统沼气池的建筑用材，解决了建池材料紧缺、价格高等问题，具有显著的经济效益。同时，HDPE 覆膜厌氧发酵装置还能很好地解决钢筋混凝土沼气池因温度变化而产生收缩、胀裂引起的渗水、漏水、漏气问题以及搪瓷拼装罐钢板易腐蚀、管道易堵塞、设备易损坏、运行费用高等问题。综合建设成本、维护管理、沼气发电和污水处理效果，HDPE 覆膜厌氧发酵装置有着很强的经济效益、社会效益和生态效益，具有广阔的应用前景。

三、养殖污水重金属选择性滤除技术

　　养殖污水的资源化利用，是为了充分利用养殖污水中的有效营养成分（如表 4-5），以减少农业生产过程中肥料的施用，并逐步提高农业收益。但由于养殖业饲料自加工的原因，添加剂或药物的非监管性使用以及养殖污水处理工艺的缺失等问题依然存在。经过对多家不同地区、不同季节代表性养殖场的养殖厌氧污水重金属污染检测分析（如表 4-6 和表 4-7），诸多养殖场的沼液存在不同污染元素、不同程度的重金属超标现象，长期施用可能造成土壤重金属累积，从而威胁农产品的产量和质量，并通过食物链、地下水和地表水的漂移对人类健康造成不良影响，还会成为养殖污水资源化利用实施的技术障碍。因此，在沼液治理中，养殖厌氧污水重金属的去除是保障沼液资源化安全利用的不可忽视的技术之一。

表 4-5　猪场沼液中营养成分含量

（单位：mg/L）

指标	总氮	总磷	总钾
含量	1049 ~ 1345	190 ~ 223	398 ~ 589

表 4-6 猪场沼液中重金属含量

（单位：mg/L）

指标含量	Cu	Zn	Hg	As	Cd	Pb	Cr
	0.2284	0.6441	0.0001	0.0054	0.0005	0.0240	0.0002
规模化养猪场	~	~	~	~	~	~	~
	1.0068	0.9892	0.0010	0.0480	0.0035	0.0880	0.0010
	0.9349	0.6956	0.0001	0.1312	0.0031	0.0930	0.0005
小型养猪场	~	~	~	~	~	~	~
	1.1271	1.9000	0.0011	0.2000	0.0368	0.8620	0.0010
《农田灌溉水质标准》（GB 5084—2021）	≤ 1.0	≤ 2.0	≤ 0.001	≤ 0.05	≤ 0.01	≤ 0.20	≤ 0.10
《无公害食品 蔬菜产地环境条件》（NY 5010—2002）	—	—	≤ 0.001	≤ 0.05	≤ 0.005	≤ 0.10	≤ 0.10

表 4-7 猪场沼液中四季重金属含量检测

（单位：mg/L）

指标	Cu	As	Cd	Pb
春季	0.8750	0.0294	0.0062	0.0334
夏季	0.3675	0.0951	0.0241	0.2802
秋季	0.5144	0.0861	0.0080	0.1742
冬季	0.6636	0.1042	0.0164	0.0541

采用聚丙烯膜为载体，羧甲基纤维素钠（CMC）为功能单体，$Pb(NO_3)_2$ 为模板分子，溶于 1，2- 二氯乙烷的二苯并 18 - 冠醚 - 6(DB18C6) 为致孔剂，乙二醇二甲基丙烯酸酯 (EGDMA) 为交联剂，偶氮二异丁腈 (AIBN) 为引发剂，应用光催化共聚法研发具有选择性"识别"特性的沼液重金属离子印迹膜及滤除工艺技术，平均滤除率比同类技术提高了 10.5%，并达到《农田灌溉水质标准》（GB 5084—2021）要求，解决沼液资源化利用重金属累积效应污染的生态安全性问题。

（一）铅离子印迹膜基材的甄选及制备条件优化

分子印迹技术中的一个重要的发展方向就是金属离子印迹技术，它所利用的原理是分子印迹技术，用金属离子作为模板，制备与目标离子具有选择性识别能力的聚合物。这种技术是分子印迹技术的科学前沿，1989年美国化学家卡巴诺夫（Kabanov）和西出（Nishide）利用分子印迹技术制备了金属离子印迹聚合物，首次获得了对印迹金属离子具有高度选择性识别功能的印迹聚合物，但国内对这种研究仍处于初级阶段。

离子印迹膜的制备共性工艺如图4-8所示，制备过程大致有以下几个步骤：（1）在一定溶剂中，模板离子或印迹离子与功能单体依靠官能团之间的共价或非共价作用形成配合物；（2）选用适当的交联剂、引发剂，使主客体配合物模板离子与功能单体在适当的溶剂中进行自由基共聚合，形成高交联聚合物；（3）采用适宜的物理方法或化学方法将高聚物中的模板离子洗脱，从而聚合物中便留有与模板离子在空间结构上完全匹配的三维空穴，空穴中包含了能够与模板离子特异性结合的功能基团，这些基团可以选择性地重新与模板离子相结合，具有离子印迹特有的"识别"功能。

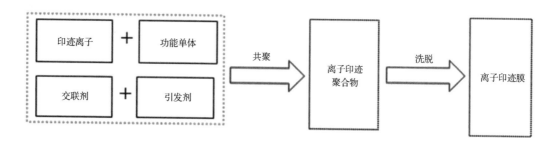

图4-8　离子印迹膜制备共性工艺图

1. 功能单体的选择

功能单体的选择非常重要，它不仅需要和交联剂发生自由基共聚合反应，分子中还需具备能与模板离子相匹配的功能基团。常用作功能单体的物质主要有丙烯酸、甲基丙烯酸、羧甲基纤维素钠、壳聚糖等羧酸类化合物、4-乙烯基吡啶、1-乙烯基咪唑等杂环弱碱性化合物、二磷酸二苯基十二烷基酯等。这些物质中，壳聚糖类和纤维素类是目前已知储量最多的天然高分子，由于价廉、可生物降解，对环境不会产生污染，适合用作生物质吸附基材。壳聚糖分子具有复杂的双螺旋结构，含有大量的羟基和氨基，还有 N- 乙酰氨基，所以在分子内和分子间易形成氢键。壳聚糖主链上的 $-NH_2$ 和 $-OH$，对金属离子均有螯合作用，常用作吸附材料。但壳聚糖不溶于水和碱性溶液，须通过一些改性的手段来改变壳聚糖的性质，方能作为功能单体。

羧甲基纤维素钠 (CMC) 为改性纤维素之一，含有羧基基团，具备阴离子聚电解质的特点，即 pH 值敏感性、耐酸性及耐盐性较强，所以，羧甲基纤维素钠适合作为重金属离子污水处理的基材。但在实际应用中，由于 CMC 易溶于水且力学性能低，限制了其广泛应用。为解决这一问题，需要对 CMC 进行改性，提高羧甲基纤维素钠的力学性能和对重金属离子的吸附能力。较常见的方法有聚乙烯醇、壳聚糖、聚多胺等有机高分子与羧甲基纤维素钠交联。众所周知，膜通量的大小与膜表面的亲水性能密切相关，亲水性越强，通量越大，越适宜用作水处理介质。因此，本技术选取羧甲基纤维素钠作为膜基材。

2. 模板离子、致孔剂、交联剂、引发剂的选择

金属离子印迹膜的模板离子就选择相应的金属离子，制备与目标离子具有选择性识别能力的印迹膜，然后通过物理方法或化学方法将其洗脱。用作致孔剂的材料需要能产生气体，如 N_2 和 CO_2 等，可以是高分子材料，也可以是低沸点、易挥发的小分子，高分子材料有聚乙烯吡咯烷酮 PVP、聚乙二醇 PEG、聚乙烯醇 PVA 等；小分子有 LiCl、H_2O、1，2- 二氯乙烷等。常用的交联剂有戊二醛、乙二醇二甲基丙烯酸酯（EGDMA）、四乙氧基硅烷、二甲基丙烯酸乙二酸酯、对乙烯基苯、2，3-环氧丙烷、丙基三甲氧基硅烷、原硅酸四乙酯、环氧氯丙烷等。引发剂包括过氧化合物引发剂、偶氮类引发剂及氧化还原引发剂等，通常为偶氮二异丁腈 (AIBN)、偶氮二异庚腈、过氧化二碳酸二异丙酯、过氧化二碳酸二环己酯、N，N- 二甲基苯胺、过氧化苯甲酰等。因此，根据选定的功能单体的官能团选择乙二醇二甲基丙烯酸酯（EGDMA）为交联剂，溶于 1，2- 二氯乙烷的二苯并 18 - 冠醚 -6(DB18C6) 为致孔剂，偶氮二异丁腈 (AIBN) 为引发剂与功能单体 CMC 形成氢键，使得结构更稳定，性能更优越，进一步提升印迹膜分离技术水平。

3. 铅离子印迹膜的制备

以铅离子为模板离子，以羧甲基纤维素钠（CMC）为功能膜基材，溶于 1，2-二氯乙烷的二苯并 18- 冠醚 -6(DB18C6) 为致孔剂，乙二醇二丙烯酸酯 (EGDMA) 为交联剂，偶氮二异丁腈 (AIBN) 为引发剂，采用离子印迹自组装法先形成铅离子印迹聚合物，在经洗脱、处理等步骤来制备铅离子印迹膜。以铅离子印迹膜吸附铅的吸附量为主要性能优化指标，通过单因素实验对铅离子印迹膜的制备条件进行优化，研究了模板离子、交联剂和引发剂的用量对铅离子印迹膜孔径大小和分布结构的影响。

实验结果表明，最佳制备条件是模板离子、功能单体、交联剂、引发剂的摩尔比为 1：4：10：0.02，按照这个比例向装置中加入各组分后，超声 10min，持续通入氮气，在紫外线照射下聚合 10h；反应终止后冷却至室温，静止脱泡，将其流延于干燥洁净的预先铺好的载体上，控制通风速度，室温下晾干，然后使用 V(冰乙酸)：V(乙醇)=1：9 的洗脱液洗去阳膜层中的模板离子 Pb(Ⅱ)，制备获得铅离子印迹膜，如图 4-9 至图 4-11 所示。

图 4-9　减压蒸馏除交联剂中　　　图 4-10　光引发聚合　　　图 4-11　铅离子印迹膜
的阻聚剂

（二）铅离子印迹膜的表征及性能分析

利用红外光谱（FTIR）、扫描电镜（SEM）、透射电镜、电子拉伸、表面湿润等技术对铅离子印迹膜进行表征（图 4-12 至图 4-15，表 4-8）。最后深入考察了该印迹膜对模板分子的识别与渗透分离性能，探索了其分子识别与渗透分离机制。

红外检测结果表明，模板离子（Pb(Ⅱ)）、功能单体（O-H）和致孔剂（C-O-C）在交联剂和引发剂的作用下发生了交联，形成的聚合物采用 V(冰乙酸)：V(乙醇)

=1∶9的洗脱液去除模板离子（冰醋酸能与铅反应，将聚合物中的铅溶解，达到洗脱的目的，乙醇具有修复膜通量的功能），从而形成了网状结构。

机械性能表征实验结果显示，铅离子印迹膜具有良好的抗水力冲击负荷，提高了离子印迹膜技术的应用水平。

电镜观测结果表明，Pb(Ⅱ)离子印迹膜具有疏松沟壑状的膜结构，内部存在许多规则的、约0.24 nm左右的空腔结构，与Pb(Ⅱ)的尺寸相匹配。

表面湿润结果表明，印迹后的Pb(Ⅱ)-IIM表面的亲水性能明显得到改善，这有利于水中金属离子Pb(Ⅱ)与膜表面印迹位点的结合。

竞争离子渗透实验结果表明，Pb(Ⅱ)-IIM对各种金属离子的选择渗透顺序为Pb(Ⅱ) > Zn(Ⅱ) > Cu(Ⅱ) > Cd(Ⅱ) > Co(Ⅱ)，对铅离子具有良好的选择渗透性能（特异识别功能）。

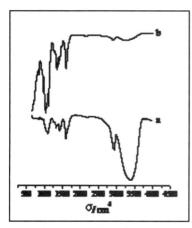

图4-12　膜的红外光谱图

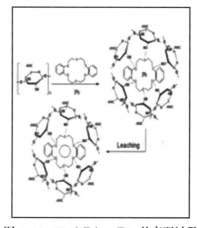

图4-13　Pb(Ⅱ)-ⅡM的交联过程

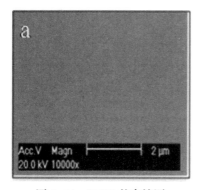

图4-14　NIIM的电镜图

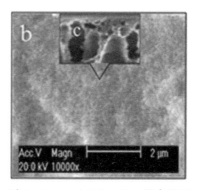

图4-15　Pb(Ⅱ)-ⅡM的电镜图

表4-8　膜抗击性能

膜	最大拉伸力（N）	延伸度（MPa）	刚度（N/m）	杨氏模量（MPa）
NⅡM	40.866	34.378	30516	812.56
Pb-ⅡM	48.798	42.998	27799	767.43

（三）厌氧污水重金属铅的滤除工艺

滤除工艺装置采用中间带有隔膜的玻璃池装置，滤除工艺如图4-16所示，以Pb(Ⅱ)-IIM为两装置之间的隔膜，供给池为经预处理后的畜禽沼液，接受池为无铅水，两池中的溶液体积均为5 L，Pb(Ⅱ)-IIM的有效膜面积为150 cm²。通过比较水平和垂直两种滤除的滤除效果，结果表明，水平滤除效果（95%）优于垂直滤除效果（84%）。通过分析铅离子印迹膜对沼液中重金属铅的选择吸附渗透性能的影响因素（渗析时间、跨膜压差、pH、搅拌速率），并应用$L_9(33)$正交试验设计，对滤除工艺参数（渗析时间、跨膜压差、搅拌速率）进行优化，旨在提高铅离子印迹膜的应用性能的基础上，达到高效滤除沼液中Pb_2^+的目的，为沼液的安全利用提供技术保障。

实验结果表明：三因素对沼液中Pb(Ⅱ)离子去除率的影响顺序为搅拌速率>跨膜压差>渗析时间，该装置的最佳滤除工艺参数为搅拌速率=70 r·min⁻¹、ΔP=0.20MPa、t=50min。此时，沼液中Pb(Ⅱ)离子去除率达99%，处理后沼液中Pb(Ⅱ)离子为0.007 mg·L⁻¹。耦合化学清洗+超声清洗污染后的铅离子印迹膜，铅离子通量基本恢复（平均恢复率达98%），提升了铅离子印迹膜再生利用水平。

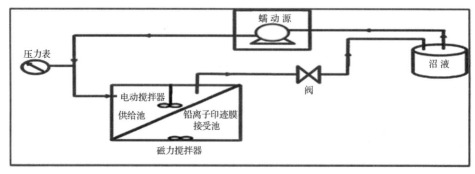

图4-16　滤除工艺

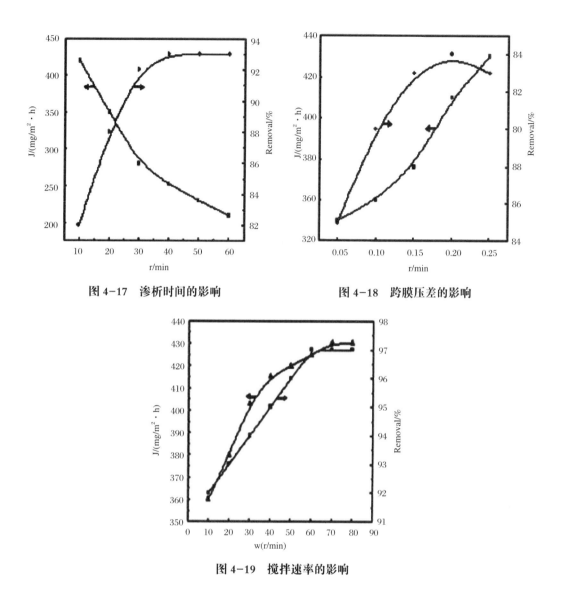

图 4-17 渗析时间的影响　　　　　图 4-18 跨膜压差的影响

图 4-19 搅拌速率的影响

（四）厌氧污水重金属铅的滤取效果及机制分析

试验厌氧污水（沼液）取自 3 家大中型养殖场中经自然沉淀和 Y 型过滤器预处理后的厌氧出水。沼液分 4 次采集，每次均采集 3 个随机样本，每个样本 500 mL，装瓶密封。采样时间分别是 2016 年 6 月 17 日、2016 年 10 月 28 日、2016 年 12 月 22 日和 2017 年 3 月 20 日。取样后立即进行消解，并测定沼液中重金属铅含量，检测结果为 3 个平行样本的平均值。3 家养殖场沼液中重金属铅的含量检测结果分别为 0.530 mg·L^{-1}、0.774 mg·L^{-1}、0.862 mg·L^{-1}。从检测结果看，取自不同养殖场的沼液中 Pb（Ⅱ）含量各不相同，低于文献值 3.84 mg·L⁻¹，但仍然超过《农田灌溉水质标准》（GB 5084—2021）（≤ 0.10 mg·L⁻¹）和《无公害食品　蔬菜产地环境条件》（NY 5010—2002）（≤ 0.05 mg·L⁻¹）。

　　Pb（Ⅱ）-IIM 对 3 家猪场沼液中 Pb（Ⅱ）离子的去除结果表明（图 4–20），在相同时间内，沼液中重金属铅含量越高，去除率越高；运行 90 min 后，3 家养殖场沼液平均去除率达 95.5%，达到《无公害食品　蔬菜产地环境条件》（NY 5010—2002）的要求（≤ 0.05 mg·L⁻¹），能够安全使用。经实验得出，本试验采用的铅离子印迹膜性能可达 3 年，但由于沼液中的悬浮物及其他因素的影响，一般运行1 ～ 2a 即需更换，此时对沼液中铅离子的去除效率为 80% 左右。该滤除工艺克服了吸附剂吸附法的不足，为沼液回田资源化安全利用提供一种新工艺和新技术。

　　根据模板离子在印迹膜中传递方式的不同，离子印迹膜的传质机制可分为两类：一类是溶解—扩散机制，另一类是 Piletsky 的"门"模型。自制的铅离子印迹膜具有空间网状结构和疏松细小的孔穴结构，可以对模板离子进行网捕作用。膜的选择透过性能与被分离物质的尺寸匹配程度息息相关，当竞争离子的尺寸与模板离子 Pb（Ⅱ）相近，Pb（Ⅱ）的选择性识别位点及与其相匹配的孔穴起主要作用；当竞争离子尺寸大于模板离子 Pb（Ⅱ），尺寸效应和 Pb（Ⅱ）的选择识别位点与其相匹配的孔穴同时起作用。竞争渗透实验发现，Pb（Ⅱ）–ⅡM 对 Pb（Ⅱ）具有特异性选择识别能力，干扰离子（其他离子）的传质视为无反应的扩散，基本不能通过孔穴通道。因此，采用光催化共聚离子印迹技术，将 Pb（Ⅱ）"烙印"在铅离子印迹膜上，膜上的立体孔穴和功能基排布与 Pb（Ⅱ）具有互补结构。模板离子在构型上与铅离子印迹膜孔穴中的识别位点相匹配，Pb（Ⅱ）–ⅡM 对 Pb（Ⅱ）具有特异性选择识别能力，而作为竞争物的干扰离子不具备这样的识别位点和孔穴结构，干扰离子（其他离子）的传质视为无反应的扩散，基本不能通过孔穴通道。因此，在渗透过程中，铅离子优先富集在膜上，而后在浓度梯度推动作用下，选择性透过孔穴通道，铅离子从膜的一侧连续不断地转移到另一侧，达到动态平衡。因此，Pb（Ⅱ）–ⅡM 滤除沼液中重金属 Pb（Ⅱ）的识别机制为 Piletsky "门"的模型。

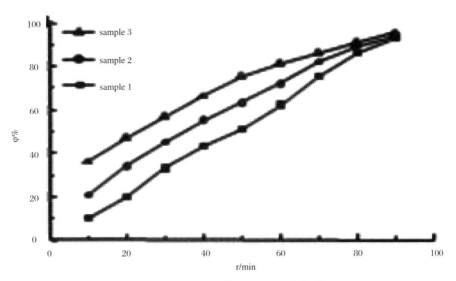

图 4-20　沼液中 Pb(Ⅱ) 去除率

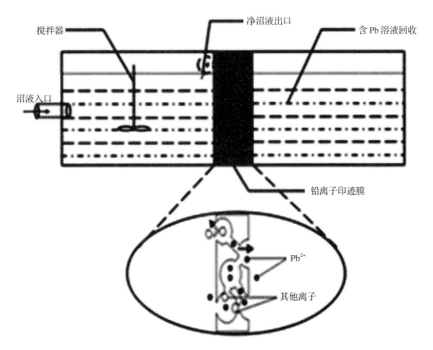

图 4-21　Pb(Ⅱ) – IIM 滤除机理图

第五章

养殖污水生物高效调控处理关键技术

　　养殖污水具有排放量大，成分复杂，其中含有较高浓度的 COD、BOD、氨氮等，而且经厌氧消化形成的沼液处理难度大，主要方法有化学、生物处理方法。若采用化学法处理，由于需要采用不同的化学试剂，存在操作难度大、成本高、容易造成二次污染。传统处理工艺采用曝气方法，如果要使沼液处理后达标排放，其能耗大、处理成本高、容易产生大量的污泥，不能长期稳定运行。

　　研究表明，目前有机物必须通过微生物的作用，才能使之彻底降解为 CO_2、H_2O，生物脱氮可以将 NH_4^+-N 氧化—还原为 N_2 进入大气循环，而且微生物法具有净化效率高、成本低、容易操作等优点，已然成为沼液处理的主要发展趋势。养殖污水生物熟化技术是以具有适宜微生物生长孔径的煤质柱状活性炭为载体，耦合 6 种复合菌群，形成以菌炭净化剂为核心的养殖污水处理创新性技术。针对养殖污水的成分特性，通过优选具有降解水体中污染物包括有机物、氨氮、总磷等的功能性微生物菌株，甄选出具有高效降解的功能性菌株，研究微生物菌株之间的拮抗、协同等作用，优化微生物菌株组合，并分析菌株间协同机制，为养殖污水的生物净化提供优质的菌株材料。因此，通过菌株材料降解养殖污水功能调节，创新性实现对降解污水不同指标的生物高效调控，对养殖厌氧污水高效达标处理与安全资源化利用、维持良性的生态环境和畜禽养殖企业的可持续发展具有非常重要的战略意义。

一、功能性微生物菌株筛选及其协同作用机制

（一）功能性微生物菌株的甄选

1. 沼液成分及其生物多样性分析

　　应用厌氧消化技术处理养殖污染物已成为国内外专家学者的普遍共识。发达

国家为了推动厌氧发酵产物资源化安全利用的释放性排放，十分重视发酵过程生物多样性和沼液成分的特性研究。厌氧发酵过程是诸多微生物的生化过程，涉及的微生物群类相当复杂，主要有水解发酵细菌群、产氢产乙酸菌群、耗氢产乙酸菌群、产甲烷菌群。发酵初中期，产酸菌是优势菌群，产酸菌将复杂的底物例如蛋白质、碳水化合物和脂质等有机化合物降解为更小的单位（氨基酸、单糖、短链脂）。发酵中后期，纤维素分解菌、氨化菌和产甲烷菌为优势菌群，纤维素分解菌将纤维素和木质素转化为单糖；氨化菌（氨化古菌和氨化细菌）将底物中的有机氮素一部分转化为氨态氮（NH_3-N）、硝氮（NO_3-N）和亚硝氮（NO_2-N），另一部分转化为游离氨基酸；产甲烷菌分为产甲烷细菌和产甲烷古菌，产甲烷细菌主要以螺旋体属（*Sphaerochaeta*）、梭菌属（*Clostridiales*）和拟杆菌属细菌属（*Bacteroidales bacterium*）为主，产甲烷古菌以甲烷粒菌属（*Methanocorpusculum*）和甲烷八叠球菌属（*Methanosarcina*）为主，这类菌将产酸阶段的终产物降解为甲烷和二氧化碳。参加这一系列生化偶联反应的微生物相互依存，彼此为对方的代生创造有利的环境条件，构成互生关系，但又相互制约，维持系统的平衡。

　　对厌氧发酵过程影响比较大的几种重要微生物为水解细菌、纤维素分解菌、白腐菌。近年来，科研工作者们通过大量的研究，对沼液中的细菌数量及种群组成情况进行分析测定，发现畜禽沼液样品中，每毫升所含细菌的数量在105～106 CFU之间，大多数有机物需要不同类群微生物相互作用的食物链，才能最终转化为甲烷，整个发酵过程是多菌种协同作战的过程，同时产生丰富多样的代谢产物。这些产物含有丰富的氮、磷、钾三大肥料元素和农作物生长所需的钙、镁、铁、锌、铜、锰等微量元素（钙＞镁＞铁＞锌＞铜＞锰），此外还含有18种氨基酸、腐殖酸、有机酸、植物激素类（吲哚乙酸、赤霉素、细胞分裂素等）等生物活性物质。其中，氨基酸（18种）总量平均为630.55 mg/L，占沼液有机物含量的9.5%。腐殖酸包括胡敏酸、富里沃酸和草木樨酸三种，其含量为12.4%～22.5%，有机酸含量为36.3%～51.3%。畜禽粪污经过厌氧发酵后，污染物含量大幅度降低，COD_{cr}去除率为81.2%～95.0%，浓度为1000～7000mg·L^{-1}；BOD_5去除率为81.3%～96.2%，浓度为500～3500 mg·L^{-1}。氨态氮和总磷在氨化菌和聚磷菌的作用下含量均有所增加，浓度分别为500～1500 mg·L^{-1}和100～400 mg·L^{-1}，各污染指标均未能达到《畜禽养殖污染物排放标准》（GB 18596—2001）的排放标准和《农田灌溉水质标准》（GB 5084-2021）要求。因此，畜禽养殖污水的治理必须充分考虑到厌氧消化产物的多样性（污染性、营养性等），需充分考虑资源化利用的安全性及养分物质利用的高效性。

2. 功能性微生物菌株的甄选

沼液中蛋白质、单糖、氨基酸、维生素等有机物，一般容易被好氧微生物代谢利用，维持其生长繁殖的需要，在此过程中，有机物被转化为 CO_2、H_2O、NH_3、PO_4^{3-} 和 SO_4^{2-}，其中一些纤维素等不容易降解的有机物，需要纤维素菌的酶解作用形成葡萄糖后，才容易被一般微生物利用。沼液中高浓度的氨氮（NH_4^+-N），其生物脱氮处理主要通过硝化作用与反硝化作用实现，NH_3 通过亚硝化单胞菌属转变为 NO_2^-，NO_2^- 通过硝化杆菌属转变为 NO_3^-，NO_3^- 可通过好氧反硝化细菌的作用还原为 N_2，硝化反应是 N 素进入 N 循环的重要步骤，而其中将 NH_3 氧化为 NO_2^- 的氨氧化作用是硝化反应的限速步骤。已有的研究发现，氨氧化细菌（AOB）和氨氧化古菌（AOA）参与了氨的氧化。我们通过系统发育树分析发现，亚硝化假单胞菌适宜附着在活性炭上，同时运用DNA-稳定同位素（DNA-SIP）示踪的方法（图5-1）对生物活性炭上的氨氧化微生物在不同浓度下的活性研究发现，AOB 主要对高浓度氨氮有较高的响应。根据沼液中高的氨氮浓度并考虑到氨氧化菌有较长的生长周期，故本研究选取在高氨氮浓度下适宜生长的 AOB 菌株（亚硝化假单胞菌，*Nitrosomonas eutropha*）进行直接投放。该菌株通常存在于污水处理厂或富营养水中，有很高的耐盐性，同时可以处理高浓度的氨氮废水。

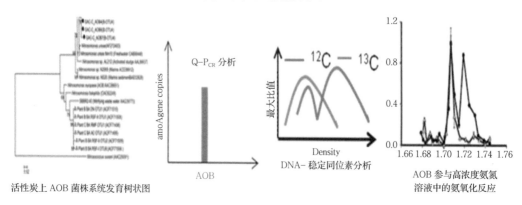

图 5-1   DNA-稳定同位素方法用于分析氨氧化微生物活性

真菌类如藻类可以通过同化性硝酸盐还原作用，将硝酸盐还原为铵盐，并进一步合成含氮有机物；沼液中高浓度的磷主要以 PO_4^{3-} 的形式存在，PO_4^{3-} 的去除可以通过假单胞属等聚磷菌在好氧条件下过量摄磷。从沼液各成分（营养性物质、污染物及有害微生物）降解转化过程分析，须选用抗负荷冲击能力强且具有抗毒害作用的微生物菌株，通过降解功能性分析，可以从亚硝化单胞菌属、硝化杆菌属、假单胞属、硫化杆菌属、藻类等这几类微生物中选择对沼液中有机物、NH_4^+–N、PO_4^{3-} 具有降解功能的微生物菌株。根据沼液的成分多样性和生物多样性及菌属的功能特性，从不同功能性菌属中选择以下 5 种菌株，并对各菌株功能、形态、生长条件进行研究分析。

(1) 氨氧化及硝化功能菌属

这类菌主要有欧洲亚硝化毛杆菌（*Nitrosomonas europaea*）和汉堡硝化杆菌（*Nitrobacter hamburgensis*）。氨氧化细菌是亚硝化细菌，是以氨为唯一能源，以 CO_2 为唯一碳源，氨氧化细菌 *Nitrosomonas europaea* 适宜的生长温度为 25 ~ 30℃，pH 为 7.0 ~ 8.0。硝化细菌主要完成将铵态氮清除的过程。

汉堡硝化杆菌（*Nitrobacter hamburgensis*）是好氧硝化菌，是硝化杆菌属的一种，对水体中的氨氮具有显著的硝化功能，它能将水体中的亚硝酸盐氧化为硝酸盐而降低水体中的氨氮含量。单个细胞（0.4 ~ 0.7）μm×（1 ~ 2.0）μm，杆形，无芽孢；无鞭毛，革兰氏染色阴性。硝化细菌最适宜在弱碱性的水中生长，在 25℃时生长繁殖最快，适宜在具有微孔的基材中生长。

(2) 枯草芽孢杆菌

枯草芽孢杆菌（*Bacillus subtilis*），是好氧反硝化菌，是芽孢杆菌属的一种，对水体中的氨氮具有显著的反硝化功能特性，它是通过硝酸盐还原酶使硝酸盐还原成氮气。单个细胞（0.7 ~ 0.8）μm×（2 ~ 3）μm。无荚膜，周生鞭毛，能运动，革兰氏阳性菌。枯草芽孢杆菌具有耐氧化、耐挤压、耐高温、耐酸碱的性能，但不耐低温，15℃以上的温度生长快，活性高、效果好。枯草芽孢杆菌能将大分子有机物分解为小分子的有机酸、氨基酸及二氧化碳和水等物质，能为水体中硝化细菌、藻类等有益微生物以及其他浮游生物提供营养，对水体中的大肠杆菌等有害微生物有很强的抑制作用。

(3) 小球藻

小球藻（*Chlorella vulgaris*）是一种球形单细胞藻类，对水体中氮磷等营养元素具有明显的降解特性。小球藻适应性强，利用光能自养，能提高水体中的溶解氧。死亡的小球藻含有丰富的蛋白质、氨基酸和维生素，可以为其他细菌生长繁殖过程补充所需的碳源。直径 1 ~ 2μm，易于培养，适宜温度为 8 ~ 25℃。

(4) 施氏假单胞菌

施氏假单胞菌（*Pseudomonas stutzeri*），是聚磷菌，是假单胞菌属的一种，具有超量摄取水体中磷的功能特性，在吸收无机磷的同时能够分解污水中的有机磷而加以吸收，对水体中的有机物、脂肪、淀粉有一定的降解作用，有一定的降解氨氮能力。单个细胞（0.3 ~ 0.5）μm×（1.0 ~ 1.5）μm，不产芽孢，革兰氏阴性菌，不能在酸性条件下生长，能耐高温，不耐低温，能产生氧化酶、脂肪酶和淀粉酶等。

(5) 排硫硫杆菌

排硫硫杆菌（*Thiobacillus thioparus*）属硫杆菌属(*Thiobacillus*)，是一类自养微生物，具有氧化单质硫和硫化物的功能特性，对去除水体中的臭味有显著作用。单个细胞（0.3 ~ 0.6）μm×（1 ~ 1.5）μm，不产芽孢，革兰氏阴性菌，适宜生长的温度为 25 ~ 30℃，pH 值范围较宽。

（二）菌株对沼液降解能力的功能性评价及机制分析

1.实验方法与结果分析

将单一菌株培养到对数生长期，有效菌数含量达 1×10^8 个 /mL 以上，分别将 100mL 菌株的混悬液投入到 10L 沼液中，24h 后测定沼液中 COD、BOD、氨氮、总磷的技术指标，计算各指标的降解率见表 5-1 所示。从沼液中各指标降解率变化方面分析，*Nitrosomonas europaea* 和汉堡硝化杆菌对沼液中 COD 降解率最高为 12.2%；枯草芽孢杆菌对沼液中 BOD、氨氮降解率最高分别为 9.3%、10.7%；施氏假单胞菌对沼液总磷降解率最高为 11.3%。

从各菌株具有的功能性角度分析，*Nitrosomonas europaea* 和汉堡硝化杆菌对水体中有机物和氨氮具有较好的降解能力；枯草芽孢杆菌对氨氮和有机物的降解能力较强；小球藻主要对水体中有机物和总磷有降解能力；施氏假单胞菌具有除磷功能；排硫硫杆菌对沼液中 COD、BOD、氨氮、总磷的降解均没有显著的效果。

表 5-1 菌株对沼液各指标的降解率

菌株	COD 降解率（%）	BOD 降解率（%）	氨氮降解率（%）	总磷降解率（%）
Nitrosomonas europaea 汉堡硝化杆菌	12.2	5.5	9.6	6.9
枯草芽孢杆菌	9.9	9.3	10.7	7.6
小球藻	9.2	7.7	7.8	8.4
施氏假单胞菌	6.1	6.1	6.9	11.3
排硫硫杆菌	4.2	3.8	3.9	3.7

2. 降解作用机制分析

Nitrosomonas europaea 和汉堡硝化杆菌是硝酸化细菌的模式菌株，可以将亚硝酸盐氧化为硝酸盐。广泛的研究都证明，该菌在去除污水中高浓度氨氮方面效果显著。本实验发现，除了在氨氮去除方面有良好的效果之外，该菌加入后，有机物也得到很好的降解，可能原因如下：a. 由于 *Nitrosomonas europaea* 和汉堡硝化杆菌可以氧化亚硝酸盐，因此可以大大减少由于氨氧化产生的亚硝酸盐的累积，从而减少对其他微生物的胁迫，有利于其他微生物生长利用有机碳；b. 通过对亚硝酸盐氧化，加快氨氮转化，从而调节沼液中碳氮比，为微生物高效利用有机质提供条件；c. 生成的硝酸盐又成为反硝化细菌利用底物，沼液中的有机质为反硝化提供碳源。

枯草芽孢杆菌体内有两种独特的硝酸盐还原酶：一种用于硝态氮的同化，另一种用于硝酸盐呼吸。因此，可以说枯草芽孢杆菌可以高效地利用硝酸盐，因而它有很高的氨氮和有机质去除效率。

小球藻作为绿藻的一种，除了进行光能自养外，还可以利用有机物进行异养生长，因此小球藻的加入会增加沼液中有机质降解效率。小球藻生长迅速，液体中较高的氮磷浓度，会被小球藻利用而使其大量繁殖。

施氏假单胞菌作为一种聚磷菌，通过超量吸收周围环境中的磷，达到除磷效果。因而加入本菌后，磷去除效率大大提高。

排硫硫杆菌在亚硫酸盐受体氧化还原酶的作用下，将沼液中的硫化物和部分亚硝酸盐代谢转化为硫酸根，在硫氧化酶的作用下，将硫单质和部分亚硝酸盐转化为氮气。

3.功能性菌株间拮抗能力分析

拮抗作用是一种微生物菌株分泌到体外的代谢产物对另外一种微生物的抑制或杀死作用。功能性菌株间若存在拮抗作用，功能性菌株的复合作用就会减弱，开展功能性菌株间的拮抗实验，探究功能性菌株间产生的代谢产物对其他功能性菌株生长的影响，确定甄选的功能性菌株协同共生的可能性。

取100μL 5种菌株的混合菌液涂布在牛肉膏蛋白胨平板上，在30℃的培养箱中培养，观察菌株的生长情况。培养48h后，如图5-2所示，从实验平板上可观察到 *Nitrosomonas europaea*、汉堡硝化杆菌、枯草芽孢杆菌、小球藻、施氏假单胞菌、排硫硫杆菌可以融合覆盖生长，各微生物菌落间不存在拮抗生长，表明功能性菌株间产生的代谢产物对其他功能性菌株的生长不产生负面影响，菌株间能够协同共生，甄选的功能性菌株在协同作用方面存在极大的潜力。

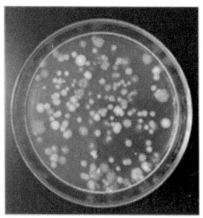

图5-2　复合菌株菌落生长图

（三）多功能性复合菌群对沼液的协同降解能力与功能评价

沼液中含有多种微生物，采用单一功能的单一优势菌群处理沼液，其降解能力较弱。将不同的功能性菌株进行复合，增强菌群间的作用，可提高菌群对沼液的抗冲击能力。菌群复合后的功能与单一菌群相比，是否有明显的提高，即菌群间是否存在协同作用，需要进一步的实验验证。

　　设计不同的实验组合，对 5 种微生物菌株及菌株组合的协同降解作用进行实验。将单一菌株培养到对数生长期，即有效菌数含量达 1×10^8 个 /mL 以上，按比重将单一或混合菌株的菌液进行等比例混合，分别将 100 mL 各菌株组合的混悬液投入到 10 L 沼液中进行处理，测定 COD、BOD、氨氮、总磷的技术指标，计算各指标的降解率。

1. 多功能复合菌群对沼液的 COD 降解能力评价

　　不同功能性菌株组合对沼液 COD 降解的结果见表 5-2 和图 5-3 所示（1# 代表 *Nitrosomonas europaea* 和汉堡硝化杆菌，2# 代表枯草芽孢杆菌，3# 代表小球藻，4# 代表施氏假单胞菌，5# 代表排硫硫杆菌，1#+2# 代表 *Nitrosomonas europaea*、汉堡硝化杆菌加上枯草芽孢杆菌，以此类推）。

表 5-2　不同菌株组合对沼液的 COD 降解率值

菌株	COD 降解率（%）	菌株	COD 降解率（%）
对照	2.8	3#+4#	15.5
1#	12.2	3#+5#	12.5
2#	9.9	4#+5#	9.8
3#	9.2	1#+2#+3#	29.5
4#	6.1	2#+3#+4#	24.9
5#	4.2	3#+4#+5#	17.7
1#+2#	22.4	1#+2#+4#	27.6
1#+3#	20.9	1#+2#+5#	23.8
1#+4#	17.0	2#+3#+5#	21.1
1#+5#	15.1	1#+2#+3#+4#	34.7
2#+3#	18.2	2#+3#+4#+5#	26.7
2#+4#	15.9	1#+2#+3#+5#	31.7
2#+5#	12.5	1#+2#+3#+4#+5#	39.5

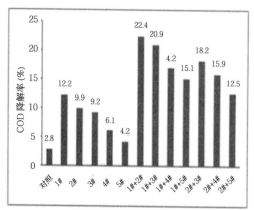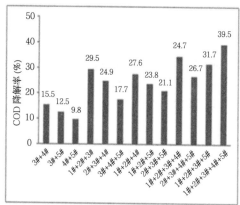

图 5-3　不同微生物菌株组合对沼液的 COD$_{cr}$ 降解率比对图

从表 5-2、图 5-3 中可以看出，经微生物菌株处理后，各微生物组合对沼液的 COD 指标都有不同程度的降低，这说明单一微生物菌株及不同微生物菌株组合对污水中的有机物有不同程度的作用。在单一微生物菌株中，*Nitrosomonas europaea* 和汉堡硝化杆菌对有机物的降解效率为 12.2%，排硫硫杆菌对有机物的降解效率为 4.2%。硝化杆菌主要将蛋白质、氨基酸脱下的氨氧化成硝酸盐，对水体中有机物的降解比较显著；而排硫硫杆菌主要是氧化硫单质和硫化物。因此，排硫硫杆菌对水体中有机物的降解并不明显。

在 *Nitrosomonas europaea*、汉堡硝化杆菌和另外 4 种不同的菌株两两组合中，*Nitrosomonas europaea*、汉堡硝化杆菌和枯草芽孢杆菌对有机物的降解效率最高，为 22.4%，这两种菌株对沼液中有机质氨基酸、糖类和纤维素的降解效率比单一菌株的降解效率高，且复合菌株的降解率值大于单一菌株降解率之和，因此，这两种菌株对污水中有机物的降解存在高效的协同促进作用。*Nitrosomonas europaea* 和汉堡硝化杆菌分别与小球藻、施氏假单胞菌、排硫硫杆菌复合之后也有协同降解功能，复合降解率比单一菌株的降解率高许多，*Nitrosomonas europaea* 和汉堡硝化杆菌与小球藻、施氏假单胞菌、排硫硫杆菌处于一个生化反应体系中，菌株在生长过程中产生的代谢产物又可以作为彼此的营养底物，菌株对水体中营养物质的吸收及代谢物利用达到协同共生的平衡循环，5 种微生物菌株组合对沼液 COD 的降解率为 39.5%，5 种单一菌株的 COD 去除效率总和为 41.6%，5 种菌株复合之后，降解率仍保持了原 5 种单一菌株降解率总和的 95%。

结果表明，复合菌株对沼液 COD 的协同降解能力与单一菌株相比有显著的增强，菌株的复合并不会整体上削弱单一菌株原有的对有机物的降解能力，因此，复合菌群对沼液中 COD 的降解存在显著的协同作用。

2.多功能复合菌群对沼液的 BOD 降解能力评价

不同功能性菌株组合对沼液 BOD 降解率的结果见表 5-3 和图 5-4。

表 5-3　不同菌株组合对沼液的 BOD 降解率值

菌株	BOD 降解率（%）	菌株	BOD 降解率（%）
对照	1.5	3#+4#	12.9
1#	5.5	3#+5#	9.8
2#	9.3	4#+5#	8.7
3#	7.7	1#+2#+3#	20.8
4#	6.1	2#+3#+4#	21.6
5#	3.8	3#+4#+5#	15.8
1#+2#	13.3	1#+2#+4#	18.6
1#+3#	11.5	1#+2#+5#	17.9
1#+4#	10.2	2#+3#+5#	18.7
1#+5#	7.9	1#+2#+3#+4#	27.9
2#+3#	15.6	2#+3#+4#+5#	26.3
2#+4#	14.5	1#+2#+3#+5#	25.7
2#+5#	12.6	1#+2#+3#+4#+5#	30.6

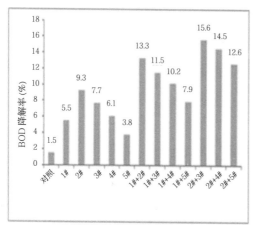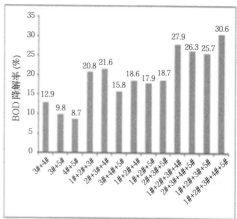

图 5-4　不同微生物菌株组合对沼液的 BOD_{cr} 降解率对比图

从表 5-3、图 5-4 中可以看出，经微生物菌株处理后，各微生物组合对沼液的 BOD 指标都有不同程度的降低，这说明单一微生物菌株及不同微生物菌株组合对沼液中的可生物降解的有机物有不同程度的作用。单一微生物菌株对有机物的降解效率排序为：枯草芽孢杆菌 > 小球藻 > 施氏假单胞菌 > *Nitrosomonas europaea* 和汉堡硝化杆菌 > 排硫硫杆菌。枯草芽孢杆菌对有机物的降解效率为 9.3%，它可产生蛋白酶、淀粉酶、脂肪酶等能将大分子有机物分解为小分子的有机酸、氨基酸及二氧化碳和水等物质，其对水体中有机物的降解能力较强。排硫硫杆菌对有机物的降解效率为 3.8%，主要是氧化硫单质和硫化物，因此对水体中有机物的降解作用较微弱。

5 种微生物菌株组合相比其他菌株组合对沼液中 BOD 的降解有明显的提高，*Nitrosomonas europaea* 和汉堡硝化杆菌、施氏假单胞菌、排硫硫杆菌的添加对 BOD 降解有促进作用，5 种微生物菌株组合对沼液中 BOD 的降解率为 30.6%，表明复合菌群对沼液中 BOD 的降解能力与单一菌株相比有一定的提高。因此，复合菌群对沼液中 BOD 的降解存在协同作用。

3. 多功能性复合菌群对沼液的氨氮降解能力评价

不同功能性菌株组合对沼液氨氮降解率的实验结果见表 5-4 和图 5-5。

表 5-4 不同菌株组合对沼液的氨氮降解率值

菌株	氨氮降解率（%）	菌株	氨氮降解率（%）
对照	2.1	3#+4#	14.7
1#	9.6	3#+5#	11.7
2#	10.7	4#+5#	10.8
3#	7.8	1#+2#+3#	31.2
4#	6.9	2#+3#+4#	25.4
5#	3.9	3#+4#+5#	22.4
1#+2#	24.6	1#+2#+4#	29.6
1#+3#	17.4	1#+2#+5#	27.5
1#+4#	16.5	2#+3#+5#	21.6
1#+5#	13.5	1#+2#+3#+4#	33.4
2#+3#	18.5	2#+3#+4#+5#	27.8
2#+4#	17.6	1#+2#+3#+5#	32.1
2#+5#	14.6	1#+2#+3#+4#+5#	36.7

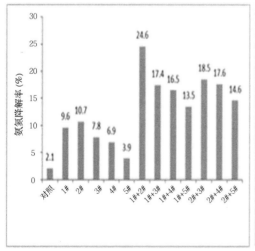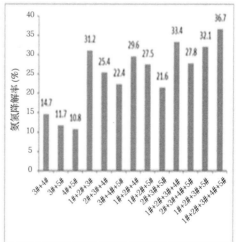

图 5-5 微生物菌株组合对沼液的氨氮降解率对比图

从表 5-4、图 5-5 中可以看出，经微生物菌株处理后，沼液的氨氮指标都有不同程度的下降，这说明单一微生物菌株及不同微生物菌株组合对沼液中的氨氮有不同程度的降解作用。单一微生物菌株对氨氮的降解效率大小为：枯草芽孢杆菌 > *Nitrosomonas europaea* 和汉堡硝化杆菌 > 小球藻 > 施氏假单胞菌 > 排硫硫杆菌。枯草芽孢杆菌对氨氮的降解效率为 10.7%，它对氨氮有反硝化作用，*Nitrosomonas europaea* 和汉堡硝化杆菌对氨氮的降解效率为 9.6%，与枯草芽孢杆菌相差 1.1%，*Nitrosomonas europaea* 和汉堡硝化杆菌具有硝化能力，从结果中可以看出，这两种菌株的组合大于单一菌株的氨氮去除能力，这也进一步验证了沼液中氨氮的去除主要依赖于微生物菌株的硝化和反硝化的过程的联合作用。

5 种微生物菌株组合比其他 5 种菌株组合对沼液中氨氮降解率有明显的提高，任何一种菌株的添加对氨氮降解率有促进作用，复合菌群对沼液中氨氮的降解存在协同降解效果。

4. 多功能性复合菌群对沼液的总磷降解能力评价

不同功能性菌株组合对沼液总磷降解率中的实验结果见表 5-5 和图 5-6。

表 5-5　不同菌株组合对沼液的总磷降解率值

菌株	总磷降解率（%）	菌株	总磷降解率（%）
对照	0.1	2#+3#	15.6
1#	7.9	2#+4#	15.4
2#	7.6	2#+5#	10.7
3#	8.4	3#+4#	16.8
4#	9.3	3#+5#	11.8
5#	3.7	4#+5#	12.3
1#+2#	14.3	1#+2#+3#	21.6
1#+3#	15.1	2#+3#+4#	24.6
1#+4#	16.9	3#+4#+5#	20.8
1#+5#	10.8	1#+2#+4#	24.3

续表

菌株	总磷降解率（%）	菌株	总磷降解率（%）
1#+2#+5#	18.6	2#+3#+4#+5#	29
2#+3#+5#	18.8	1#+2#+3#+5#	26.7
1#+2#+3#+4#	34.6	1#+2#+3#+4#+5#	35.8

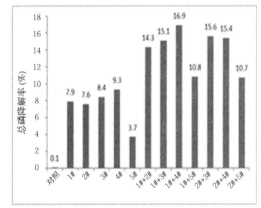 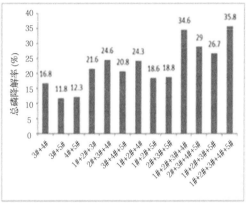

图 5-6　不同菌株组合对沼液的总磷降解率对比图

从表 5、图 6 中可以看出，经微生物菌株处理后，沼液的总磷指标都有不同程度的下降，这说明单一微生物菌株及不同微生物菌株组合对沼液中的可生物降解的有机物有不同程度的作用。5 种微生物菌株组合比其他菌株组合对沼液中总磷降解率有一定的提高，*Nitrosomonas europaea* 和汉堡硝化杆菌、施氏假单胞菌、排硫硫杆菌的添加对总磷的去除有促进作用。5 种微生物菌株组合对沼液中总磷的降解率为 35.8%，菌株的复合提高了对沼液中的 PO_4^{3-} 的降解能力。因此，复合菌群对沼液中总磷的降解存在协同效应。

5. 多功能性复合菌群对沼液中多指标协同作用能力评价

复合菌群培养至生长对数期时，对沼液进行直投处理，处理 24h 后，对沼液中 COD、BOD、氨氮、总磷的降解率分别为 39.5%、30.6%、36.7%、35.8%，如表 5-6。相比于复合菌群对沼液成分中单一污染物指标作用的情况，复合菌群同时对沼液的多指标作用效果并没有受到影响，因此复合菌群在降解有机质复杂的沼液时，发挥了稳定的降解作用且协同降解功能显著。

表 5-6　复合菌株对沼液中各指标的降解率（24h）

项目	COD 降解率（%）	BOD 降解率（%）	氨氮降解率（%）	总磷降解率（%）
复合菌株	39.5	30.6	36.7	35.8

研究分析表明：两两组合的菌株对污水中有机质氨基酸、糖类和纤维素的降解效率比单一菌株的降解效率高，且复合菌群的降解率值接近单一菌株降解率之和，且任何一种菌株的添加对降解效果都有促进作用，因此复合菌群对沼液中有机物具有高效的协同降解功能；*Nitrosomonas europaea* 和汉堡硝化杆菌与小球藻、施氏假单胞菌、排硫硫杆菌处于一个生化反应体系中，菌株在生长过程中产生的代谢产物又可以作为彼此的营养底物，菌株对水体中营养物质的吸收及代谢物利用达到协同共生的平衡循环，5 种菌株复合之后，COD 的降解率仍保持了原 5 种单一菌株降解率总和的 95% 以上。相比于复合菌群对沼液成分中单一污染物指标作用情况，复合菌群同时对沼液的多指标作用效果并没有受到影响。因此，复合菌群在降解有机质复杂的沼液时，挥发了稳定的降解作用和显著的协同降解功能特性。

（四）多功能性复合菌群对沼液负荷抗冲击能力分析

由于厌氧工艺的差异导致厌氧出水（沼液）的 COD 变化范围较大，其 COD 去除率通常在 60% ~ 90%。一般地，BOD_5/COD_{cr} 的比值越大，其可生化性越好，实践中多功能性复合菌群对沼液负荷抗冲击能力分析不考虑 BOD_5。发酵前后氨氮的量变化不大，总磷的浓度反而升高，复合菌群对沼液负荷抗冲击能力通过复合菌群对不同浓度的 COD 降解效率进行综合评价。

将微生物菌株接种到活化斜面培养基上进行活化，将活化后的菌株接种到生长培养基中，培养菌株至对数生长期，在 4℃、3000r·min^{-1} 条件下离心 10 min 收集菌体，用无菌生理盐水洗涤、离心，重复三次，再用无菌生理盐水稀释、制备菌株混悬液，其中菌株的菌数含量为 $1×10^8$ ~ $8×10^8$ 个 /mL 及以上。将 100mL 单一菌株混悬液分别投入到 10L 不同负荷沼液中，24h 后测定沼液 COD_{cr} 技术指标，计算降解率。

菌株及复合菌群对沼液负荷的 COD 降解效果，具体结果见图 5-7 所示（1# 代

表 *Nitrosomonas europaea* 和汉堡硝化杆菌，2# 代表枯草芽孢杆菌，3# 代表小球藻，4# 代表施氏假单胞菌，5# 代表排硫硫杆菌，1#+2# 代表 *Nitrosomonas europaea* 和汉堡硝化杆菌加上枯草芽孢杆菌，以此类推），实验结果表明，各菌株对沼液中不同负荷 COD_{cr} 降解率的情况如下：COD_{cr} 2620 mg/L > COD_{cr} 3540 mg/L > COD_{cr} 1450 mg/L，由此可以看出，各菌株在 COD_{cr} 为 2620 mg/L 的沼液中能较好地生长，说明在此浓度沼液中的营养成分比较适合各菌株的生存。

分析产生以上结果的可能性原因是：当沼液 COD_{cr} 为 2620mg/L 时，其 BOD_5 为 805mg/L，其 BOD_5/COD_{cr} 的比值约为 0.31，表明该污水具有可生物降解性，其碳氮比大于 100：5，比较符合微生物生长必需的营养条件，在此条件下，微生物菌株的降解功能特性优异；当 COD_{cr} 为 3540mg/L 时，其 BOD_5 为 985mg/L，其 BOD_5/COD_{cr} 的比值约为 0.27，表明该污水具有难生物降解性，其中的碳氮比小于 100：5，微生物生长的条件较差；当 COD_{cr} 为 1450mg/L 时，其 BOD_5 为 655mg/L，其 BOD_5/COD_{cr} 的比值约为 0.45，其生物降解性较好，但是其中的碳氮比小于 100：5，缺乏微生物生长必需的营养条件。

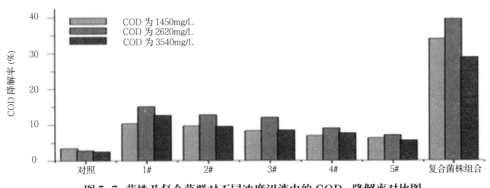

图 5-7　菌株及复合菌群对不同浓度沼液中的 COD_{cr} 降解率对比图

研究表明：单一菌株和复合菌群均能在不同负荷的沼液中生长，说明沼液中的有害物质并不会对微生物菌株的生长繁殖造成影响，菌株具有一定的抗毒性作用。沼液 COD_{cr} 为 2620mg/L 时，各菌株生长情况较好，其 COD 去除率较高，而现有条件下沼液的出水浓度 COD 范围为 1500 ~ 4000mg/L，甄选出的复合菌株均能在沼液中生存并发挥各自的降解功能特性。因此，复合功能性菌群对沼液 COD 负荷抗冲击能力为 2620mg/L。

（五）多功能性复合菌群对沼液的协同降解机制分析

复合菌群的协同作用机制主要是研究复合菌群成员之间相互影响，如相互给养关系等，对营养成分的竞争关系或某一种微生物对其他成员产生的一定程度促进或抑制作用。本实验对不同污染物降解效率的研究分析可以看出，5 种菌剂加入后的处理效果是最好的，表明 5 种菌之间不存在抑制生长的作用，表明各菌株之间存在协同促进作用。

分析其中可能的促进作用为：小球藻与其他 4 种不同，属于真核生物，同时作为藻类，它可以以二氧化碳为碳源，吸收污水中的氮磷，进行自养生长，完成细胞增殖并释放氧气。小球藻释放的氧气可以为好氧微生物生长提供足量的氧，同时好氧微生物产生的二氧化碳又可以作为小球藻利用的底物。有研究发现，小球藻和好氧微生物联用可以在相互促进中实现污染物降解。*Nitrosomonas europaea* 和汉堡硝化杆菌是一类亚硝化细菌，利用小球藻产生的氧气进行自养生长，可以高效去除高浓度氨氮，同时调节沼液 pH，促使硝化反应发生。通过调节溶液碳氮比，使沼液中的碳氮比值更有利于微生物生长利用，从而促使氨氮、有机质降解。排硫硫杆菌在亚硫酸盐受体氧化还原酶的作用下，将沼液中硫化物和部分亚硝酸盐代谢转化为硫酸根，在硫氧化酶的作用下，将硫单质和部分亚硝酸盐转化为氮气。而枯草芽孢杆菌又通过直接利用硝酸根、亚硝酸根进行硝酸盐同化和呼吸作用，进一步脱氮。此外，枯草芽孢杆菌分泌的高活性消化酶，可以迅速降解沼液中有机物，从而降低COD。降解后的 COD 可以作为其他微生物利用的底物。已有研究发现，对枯草芽孢杆菌和汉堡硝化杆菌联用的复合菌可以有效去除水中氮磷。施氏假单胞菌在好氧环境下，通过聚磷的作用，移除沼液中的磷。

二、复合菌株固定载体甄选及其影响因素

虽然游离功能性菌株对沼液具有一定的降解能力，但是沼液处理量大，且处理工艺属于连续处理工艺，其水质的流动性大，存在抗冲击力弱、容易流失、净化效率低等缺陷，必须应用固定化载体将游离菌株负载固定，将其截留在沼液中发挥作用。应用固定化技术将游离菌株固定于载体上，利用不同功能性菌群间的协同作用

形成微生态环境，提高抗冲击负荷，形成一个快速、高效、连续的沼液处理微系统。相较于传统的活性污泥法，微生物固定化技术具有明显的优势，微生物无需以污泥为载体生长，在处理过程中不会形成大量的污泥而造成二次污染。载体性能对微生物菌株的固定及功能的发挥起着至关重要的作用，需要对固定载体进行优选，选择适宜微生物固定生长繁殖的载体材料。

（一）复合菌株固定载体的甄选及其功能性评价

1. 适宜微生物固定载体条件分析与甄选

载体性能包括孔径、比表面积、吸附能力、机械强度等。微生物载体性能需要考虑以下 4 个因素：第一，适宜的孔径，满足菌株固定过程中吸附作用。第二，比表面积大和丰富的孔隙，提供足够微生物菌株生长的空间。第三，机械强度大；第四，成本低。由于细菌的个体一般是微米级，需要选用的孔径大小是微米级的。微生物菌株生物活性作用主要是通过酶解作用，载体材料的孔径有利于酶的释放及发挥作用，例如蛋白酶的相对分子质量范围在 20000 ~ 35000 之间（大小 2 ~ 5μm），综合考虑载体孔径范围在纳米至微米级，选择过渡孔比例多的载体材料。比如常用的载体材料有活性炭、沸石、黏土矿物、活性氧化铝、离子交换树脂等，从这些材料中优选具有成本低、比表面积大、吸附能力强、机械强度大、容易再生等功能的载体。

活性炭具有巨大的比表面积（500 ~ 1000 $m^2 \cdot g^{-1}$）、发达的孔隙结构，以及独特的表面活性官能团及稳定的化学性能，是一种良好的吸附剂，其中煤质活性炭具有较多的过渡孔隙及较大的平均孔径，对沼液中的悬浮物、有机物等有良好的吸附性能，可以为微生物菌株的生长提供空间。而功能微生物菌株对沼液中的有机物、污染物、臭味物质等有良好的降解作用，且循环利用率高，成本低廉。因此，选用活性炭材料作为微生物载体。

2. 活性炭载体对沼液吸附能力评价

（1）不同形状的活性炭载体对沼液吸附能力的影响

实验方法：将不同形状的活性炭投入到沼液，对其吸附效果进行比较。分别称取 100g 3 种形状的活性炭（颗粒状煤质活性炭 A、球状煤质活性炭 B、实心圆柱状煤质活性炭 C），投入到 10L 沼液中，以未处理的沼液为对照，3.5d 后分别测定其 COD_{cr}、BOD_5、氨氮、总磷等技术指标，计算活性炭对沼液中各指标的吸附率。

实验结果见表 5-7。实心圆柱状煤质活性炭对沼液的吸附能力较佳，其 COD、BOD_5、氨氮、总磷等吸附率分别为 9.6%、8.7%、6.7%、4.6%。

颗粒状活性炭比表面积虽大，但结构孔隙有限，不能提供足够的空间供微生物生长；球状活性炭，比表面积大，且结构孔隙亦适合微生物的生长，球面微生物的生长不如圆柱状微生物的生长均匀，污染物去除率略低。因此，优选图 5-8 指标所示的实心圆柱状煤质活性炭作为制备净化剂的微生物固定化载体。

表 5-7　不同形状的活性炭对沼液指标的降解率值

活性炭形状	COD 降解率 (%)	BOD_5 降解率 (%)	氨氮降解率 (%)	总磷降解率 (%)
对照	2.5	1.5	2.1	0.1
颗粒状 A	7.2	6.3	4.8	2.4
球状 B	5.7	5.5	5.9	3.3
实心圆柱状 C	9.6	8.7	6.7	4.6

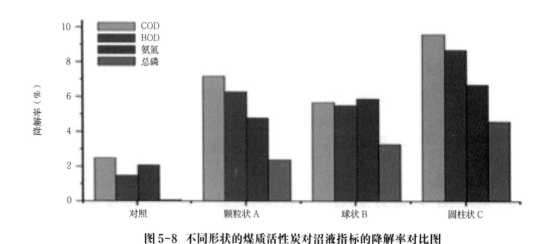

图 5-8　不同形状的煤质活性炭对沼液指标的降解率对比图

（2）不同粒径活性炭载体对沼液处理效果的影响

实验分别称取粒径为 Φ1.5mm、Φ3.0mm、Φ4.0mm 煤质活性炭 100g，投入到 10L 的沼液中，以未处理的沼液为对照，24h 后测定其 COD 技术指标，计算降解率，根据实验结果，选择最佳粒径的活性炭作为制备净化剂的载体材料。

结果表明：不同粒径的煤质活性炭对沼液的吸附效率如表 5-8、图 5-9 所示。与粒径 Φ1.5mm、Φ4.0mm 活性炭相比，Φ3.0mm 粒径活性炭处理沼液效果更佳，表 5-9 显示，Φ3.0mm 粒径活性炭对 COD_{cr}、BOD_5、氨氮和总磷的吸附效率分别为 10.1%、8.9%、6.8%、5.9%，表明其具有适宜的比表面积、孔径及孔隙，对沼液污染物具有更好的吸附选择性。由于 Φ3.0mm 粒径的活性炭的比表面积比 Φ4.0mm 的大，而且 Φ3.0mm 粒径的活性炭过渡孔比 Φ1.5mm 的多，沼液中的有机物主要依赖过渡孔径的吸附，但是随着活性炭的吸附量达到饱和，过渡孔径的增加并不能提高其吸附能力，所以，Φ3.0mm 的煤质活性炭吸附效果优于粒径 Φ1.5mm、Φ4.0mm。因此，选用粒径 Φ3.0mm 实心圆柱状煤质活性炭作为微生物菌株的固定载体。

表 5-8　不同粒径的活性炭对沼液处理效果

活性炭粒径	COD 降解率 (%)	BOD 降解率 (%)	氨氮降解率 (%)	总磷降解率 (%)
对照	2.5	1.5	2.1	0.1
Φ1.5 mm	2.5	1.5	2.1	0.1
Φ3.0 mm	10.1	8.9	6.8	5.9
Φ4.0 mm	8.6	7.4	5.9	4.8

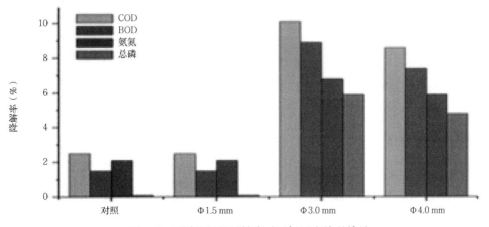

图 5-9　不同粒径的活性炭对厌氧污水处理效果

3.活性炭的成型

优选活性炭载体成型，不仅有利于微生物菌株的吸附生长，而且方便应用后期对活性炭载体材料的再生处理。复合菌载体活性炭加工按照国家规定的行业标准进行的性能测试，见表5-9。

表5-9　实心圆柱状活性炭的性能参数

项目 指标 品名	材质	粒度（目）	碘吸附值（mg/g）	干燥失重（%）≤	强度（%）≥	酸碱度（pH）	总孔容积（cm³/g）	表观密度（g/cm³）	表面积（m²/g）
DN-215型	煤质	Φ3.0mm	800～1000	5	95	>7	0.75	0.48～0.68	1100±50

注：上述各项指标由活性炭有限公司按《木质活性炭试验方法》国家标准（GB/T 12496—1999）测定。

4.生物活性炭对沼液处理的作用机制分析

负载有微生物的活性炭，又被称为生物活性炭，可以同时发挥活性炭吸附与生物降解的协同作用。活性炭本身具有很大的比表面积及大量空隙，可以通过物理化学作用吸附沼液中的有机物等，同时活性炭又为微生物的生长提供了很好的条件，微生物通过物理吸附定植在活性炭上，并进一步降解活性炭吸附的有机物、氮、磷等物质。二者的协同主要表现在微生物降解活性炭上的有机污染物，从而降低活性炭的吸附负荷，达到持续的物理吸附—生物降解的协同循环效应，同时延长活性炭使用寿命，减少再生频率，降低成本。

（二）功能性菌株与活性炭固定化影响因素分析

菌株含有的有效活菌数对复合菌株的功能性发挥起决定性的作用，研究功能性菌株与活性炭固定化的影响条件，提高菌株与活性炭的结合率和有效活菌数，为提升菌株与活性炭结合形成的熟化技术产品的应用效果奠定基础，为形成产品技术标准规范提供数据支持。

1.生物菌数与炭量比对结合率及有效活菌数的影响

5种微生物菌株混合培养24h后，在4℃、3000 r·min⁻¹ 条件下离心10 min收集菌体，用无菌生理盐水洗涤、离心，重复 3 次，再用无菌生理盐水稀释、制备菌株混悬液（菌液）。将 10g、20g、30g、40g 活性炭分别加入 100 mL 菌液中，活性炭在 4℃、转速 150 r/min 的条件下培养 48h，采用平板菌落数计数方法测定功能性菌株与活性炭固定前后菌液中的有效活菌数，计算菌株与活性炭的结合率及固定在活性炭载体上的有效活菌数，计算公式如下：

菌株与活性炭的结合率（%）= (C1 − C2)/C1×100%　　　　（公式 5-1）

固定在载体上的有效活菌数（CFU /g）= (C1 − C2)×V÷M　　（公式 5-2）

其中：C1——结合前菌液有效活菌数，CFU/mL；C2——结合后菌液有效活菌数，CFU /mL；V——菌液的体积分数，mL；M——活性炭的克数，g。

（1）固定前复合菌液中有效活菌数

固定前复合菌液中的有效活菌数，即结合前菌液中有效活菌数，平板菌落计数结果见表 5-10、表 5-11。实验结果表明，固定前复合菌液中有效活菌数为 $3.2×10^{10}$ CFU/mL，活性炭中的杂菌数为 $7.5×10^7$ CFU/mL，杂菌率为 0.24%。杂菌率较低，在后续计算中忽略不计。

表 5-10　固定前复合菌液中的有效活菌数

稀释度	10^{-6}		10^{-7}		10^{-8}	
平　板	1	2	1	2	1	2
菌落数	420	358	240	253	42	38
平均菌落数	32.3					
稀释倍数	10					
菌落总数 /(CFU·ml^{-1})	$3.2×10^{10}$					

表 5-11　活性炭中的杂菌数

稀释度	10^{-5}		10^{-6}		10^{-7}	
平　板	1	2	1	2	1	2
菌落数	75	75	24	17	3	4
平均菌落数	75					
稀释倍数	10					
菌落总数 /(CFU·ml^{-1})	$7.5×10^7$					

（2）固定后复合菌液中有效活菌数

固定后复合菌液中有效活菌数的平板菌落计数结果见表 5-12 至表 5-15。复合菌群与活性炭定植前后有效活菌数的变化情况及定植率见数据表 5-16。

表 5-12　10g 活性炭菌液中有效活菌数

稀释度	10^{-6}		10^{-7}		10^{-8}	
平板	1	2	1	2	1	2
菌落数	78	87	55	36	10	10
平均菌落数	82.5					
稀释倍数	10					
菌落总数 /(CFU·ml^{-1})	8.3×10^{8}					

表 5-13　20g 活性炭菌液中有效活菌数

稀释度	10^{-5}		10^{-5}		10^{-7}	
平板	1	2	1	2	1	2
菌落数	199	184	107	86	94	73
平均菌落数	191.5					
稀释倍数	10					
菌落总数 /(CFU·ml^{-1})	1.9×10^{8}					

表 5-14　30g 活性炭菌液中有效活菌数

稀释度	10^{-5}		10^{-5}		10^{-7}	
平板	1	2	1	2	1	2
菌落数	55	45	18	34	1	2
平均菌落数	50					
稀释倍数	10					
菌落总数 /(CFU·ml^{-1})	5.0×10^{7}					

表 5-15　40g 活性炭菌液中有效活菌数

稀释度	10^{-6}		10^{-7}		10^{-8}	
平板	1	2	1	2	1	2
菌落数	61	66	42	36	1	20
平均菌落数	63.5					
稀释倍数	10					
菌落总数 /(CFU·ml^{-1})	6.4×10^8					

表 5-16　复合菌群与活性炭定植前后有效活菌数的变化情况及定植率

有效活菌数（定植前）（CFU/mL）	杂菌数（活性炭上）（CFU/mL）	有效活菌数（定植后）（CFU/mL）	定植率（%）	有效活菌数（定植在活性炭上）（CFU/g）
3.2×10^{10}	7.5×10^7	8.3×10^8	97.4	3.1×10^{11}

10g、20g、30g、40g 活性炭的复合菌液中，有效活菌数分别为 8.3×10CFU/mL、1.9×10^8 CFU/mL、5.0×10^7 CFU/mL、6.4×10^8 CFU/mL。通过结合率公式（公式 5-1）计算，微生物菌数数量一定的菌群与 10g、20g、30g、40g 活性炭的微生物定植率分别为 97.24%、99.24%、99.60% 和 97.79%（如图 5-10）；活性炭载体上的有效活菌数分别为 3.1×10^{11} CFU/g、1.6×10^{11} CFU/g、1.1×10^{11} CFU/g、7.9×10^{10} CFU/g。

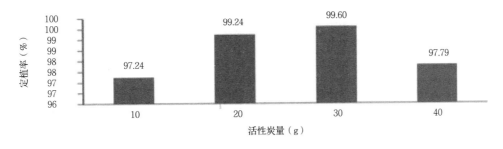

图 5-10　不同活性炭量对复合菌群的定植率

研究结果表明：菌群与活性炭的结合率均大于 97%，其结合率较为稳定。当结合率为 99.60% 时，其结合率达到最大值。继续投加活性炭，反而会造成结合率降低，原因是复合菌液中有效活菌数是一定的，随着活性炭量的增加，其对菌株的物理吸附存在多个静电吸附位点的竞争作用，导致单位质量的菌碳结合率下降。

也就是说，在菌数量一定的条件下，随着活性炭量的增大，其结合率也随之增加，当结合率达到饱和时，活性炭量的增加反而会使单位质量的结合率下降。因此，优选菌数（CFU / mL）与活性炭（g）的比值为（3.1×10^{11}）：1，在此条件下，菌数（CFU /mL）与活性炭的结合率为97.24%，固定在单位质量活性炭载体上的有效活菌数为3.1×10^{11} CFU/g。

2.结合时间对结合率及有效活菌数的影响

5种微生物菌株混合培养24h后，在4℃、3000 r·min^{-1}条件下离心10 min 收集菌体，用无菌生理盐水洗涤、离心，重复3次，再用无菌生理盐水稀释、制备菌株混悬液（菌液）。将10g活性炭加入3组100 mL菌液中，在4℃、转速150 r/min的条件下分别培养24h、48h、72h，通过测定菌株与活性炭固定前后菌液中的有效活菌数，计算菌株与活性炭的结合率及固定在活性炭载体上的有效活菌数，计算公式见公式5-1和公式5-2。

（1）固定前复合菌液中有效活菌数

固定前复合菌液中的有效活菌数，即结合前菌液中有效活菌数，平板菌落计数结果见表5-17、表5-18。实验结果表明，固定前菌液中有效活菌数为3.2×10^{10}CFU/mL，活性炭中的杂菌数为8.0×10^{7}CFU/mL，杂菌率为0.25%，杂菌率较低，在后续计算中忽略不计。

表5-17　固定前复合菌液中的有效活菌数

稀释度	10^{-6}		10^{-7}		10^{-8}	
平　板	1	2	1	2	1	2
菌落数	415	355	231	251	43	36
平均菌落数	31.8					
稀释倍数	10					
菌落总数 /(CFU·ml^{-1})	3.2×10^{10}					

表 5-18 活性炭中的杂菌数

稀释度	10^{-5}		10^{-6}		10^{-7}	
平 板	1	2	1	2	1	2
菌落数	84	76	27	19	2	3
平均菌落数	80					
稀释倍数	10					
菌落总数 /(CFU·ml^{-1})	8.0×10^{7}					

（2）结合时间对结合率及有效活菌数的影响

在不同结合时间时，复合菌液中有效活菌数的平板菌落计数结果见表 5-19 至表 5-21。

表 5-19 24h 时菌液中有效活菌数

稀释度	10^{-7}		10^{-8}		10^{-9}	
平 板	1	2	1	2	1	2
菌落数	74	83	17	21	1	1
平均菌落数	78.5					
稀释倍数	10					
菌落总数 /(CFU·ml^{-1})	7.9×10^{9}					

表 5-20 48h 时菌液中有效活菌数

稀释度	10^{-6}		10^{-7}		10^{-8}	
平 板	1	2	1	2	1	2
菌落数	83	89	29	25	2	4
平均菌落数	86					
稀释倍数	10					
菌落总数 /(CFU·ml^{-1})	8.6×10^{8}					

表 5-21 72h 时菌液中有效活菌数

稀释度	10^{-6}		10^{-7}		10^{-8}	
平　板	1	2	1	2	1	2
菌落数	78	87	26	18	1	3
平均菌落数	82.5					
稀释倍数	10					
菌落总数 /(CFU·ml^{-1})	8.3×10^8					

　　结合时间 24h、48h、72h 时，复合菌液中有效活菌数分别为 7.9×10^9CFU/mL、8.6×10^8CFU/mL、8.3×10^8CFU/mL。通过公式计算（公式 5-1）和（公式 5-2），不同结合时间，菌群与活性炭的结合率分别 75.31%、97.22% 和 97.32%（图 5-11），活性炭载体上的有效活菌数分别为 2.4×10^{11}CFU/g、3.0×10^{11}CFU/g、3.1×10^{11}CFU/g。

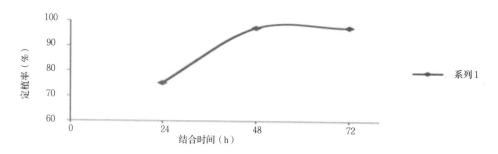

图 5-11　不同结合时间活性炭上复合菌群的定植率

　　研究数据表明：不同结合时间一定数量的菌群与活性炭的结合率呈上升趋势，在 24h 时菌群与活性炭的结合率迅速上升为 75.31%，在 48h 时达到为 97.22%，而后 72h 时为 97.32%，相较 48h 时仅增加了 0.1%，说明一定数量的菌群与活性炭在结合时间为 48h 已达到饱和。

　　菌群在一定数量条件下，随着结合时间的延长，菌群与活性炭结合率也随之增加，在 48h 时已趋于最大值。因此，一定数量的菌群与活性炭适宜的结合时间为48h，菌株（CFU / mL）与活性炭（g）的结合率为 97.22%，固定在活性炭载体上的有效活菌数为 3.0×10^{11} CFU/g。

3. 温度对定植菌群微观形态及生物活性的影响

　　温度是影响微生物菌株生长的关键因素之一，确定复合菌群固定生长的较佳温度对形成的技术产品的功能性发挥起着决定性作用，如单一菌株 *Nitrosomonas europaea* 和汉堡硝化杆菌最适宜的生长温度为 25℃，而枯草芽孢杆菌在 15℃ 以上活性高。对生物活性炭硝化能力的研究发现，在温度高于 10℃ 时，其硝化能力为 40% ~ 90%，当温度降为 4 ~ 10℃ 时，仅有 10% ~ 40% 的氨氮可以被氧化，而低于 4℃ 时，硝化能力已非常低下。

（1）4℃ 条件下的菌群形态及生物活性分析

以活性炭材料为对照，在 4℃ 条件下制备的技术产品通过切片，在电镜下观察微生物菌群形态，具体见图 5-12。通过电镜图可以看出，未负载微生物菌株的活性炭，其不同横截面的活性炭内表面较为光滑，有部分碎屑，未观察到有微生物菌株的生长。在技术产品内部，通过比对菌株的形态及大小，判断 5 种微生物菌株均已在活性炭内部生长，说明该活性炭材料是适宜这 5 种微生物生长的载体，而且在其中生长的微生物具有一定的数量，即有一定数量的有效活菌，测定有效活菌数为 3.1×10^{11} CFU/g。从排硫硫杆菌的形态图可以看出，微生物的形态趋于与载体融合在一起，这可能是由于菌株在低温下培养，微生物的生长代谢活动趋于静止，其形态发生了变化，推测在 4℃ 条件下技术产品的生物活性不高。

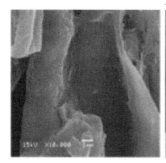
活性炭（电镜 ×1000）

小球藻形态（电镜 ×1000）

施氏假单胞菌、*Nitrosomonas europaea* 汉堡硝化杆菌的形态（电镜 ×1000）

枯草芽孢杆菌形态（电镜 ×1000）

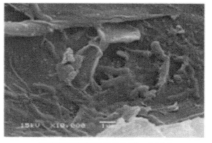
排硫硫杆菌的形态（电镜 ×1000）

图 5-12　活性炭及 4℃ 条件下载体炭上的菌群形态分布电镜图

（2）25℃条件下的净化剂菌群形态及生物活性分析

在4℃条件下形成的养殖污水生物调控处理的净化剂，在25℃ 150 r/min 的条件下培养24h后，将形成的技术产品通过切片，在电镜下观察菌群的形态如图5-13所示，通过电镜可以看出，在25℃条件下形成的技术产品，其中微生物的形态比4℃条件下的形态更饱满，而且数量更为可观。分析在25℃时不同截面上的微生物菌株数量，通过单位面积的微生物菌株数量推算出每克技术产品的有效活菌数范围在 $5.1 \times 10^{17} \sim 1.1 \times 10^{18}$ CFU/g，相比4℃条件下测定的有效活菌数（3.1×10^{11} CFU/g），数目增长了7个数量级。

结果分析表明：通过上述方法形成的技术产品，其中有效活菌数至少在 3.1×10^{11} CFU/g 以上，这也从微观上验证了活性炭载体固定微生物方法的有效性，而且有效活菌数的增长对熟化技术性能的提高有显著的作用。

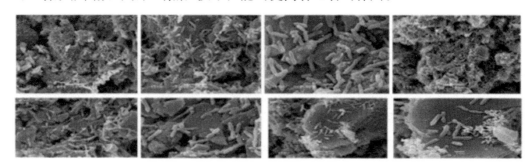

图5-13　25℃条件下载体炭上的菌群形态分布电镜图

三、养殖污水生物净化剂等温吸附及其动力学特性

（一）生物净化剂等温吸附特性

养殖污水生物净化剂对 NH_4^+-N、TP 的饱和吸附量 X_m、吸附结合强度及吸附能力的评价，主要通过开展净化剂对沼液中氮、磷的吸附静态等温吸附试验研究，应用朗缪尔方程（Langmuir）和弗罗因德利希方程（Freundlich）拟合方程确定 X_m、k、n。通过静态等温吸附试验，拟合 Langmuir 和 Freundlich 方程，得到净化剂对 NH_4^+-N、TP 的饱和吸附量 X_m。

Langmuir 方程 [1]：

$$\frac{C}{X} = \frac{1}{kX_m} + \frac{C}{X_m}$$

其中，C 为平衡液中所测的指标浓度 (mg/L)，X 为吸附剂的吸附量 (mg/kg)，Xm 为吸附剂的饱和吸附量 (mg/kg)，k 为吸附剂对溶质键和强度的量度 (k 越大，表明吸附结合能越大，结合强度越大)。

Freundlich 方程 [2]：

$$\lg X=\lg k+\frac{\lg C}{n}$$

其中，C 为平衡液中所测的指标浓度 (mg/L)，X 为吸附剂的吸附量 (mg/kg)，Xm 为吸附剂的饱和吸附量 (mg/kg)，k、n 为与反应键能有关的经验常数 (n 大于 1 表示吸附剂对吸附质的吸附具有优势，n 介于 2 ~ 10 之间为轻易吸附，n 小于 0.5 时，为较难吸附。k 越大，吸附能力越强)。

沼液中成分复杂，会干扰吸附基质对各指标的等温吸附特性和吸附动力学特性的研究，故采用模拟配水。模拟配水成分简单，环境单一，利于单因素的试验。模拟配水（只含单一 NH_4^+–N、TP ），模拟配水的配置方法为：向去离子水中分别投加定量的 NH_4C_1、KH_2PO_4、葡萄糖 ($C_6H_{12}O_6 \cdot H_2O$)，充分搅拌至溶解，用于模拟沼液中的 NH_4^+–N、TP。

NH_4^+–N 的热力学吸附实验，分别称取煤质活性炭、净化剂 2g 于 500mL 三角瓶中，分别加入用氯化氨配制的 NH_4^+–N 浓度为 100mg/L、200 mg/L、300 mg/L、400 mg/L、500 mg/L、600 mg/L、700 mg/L、800 mg/L、900 mg/L、1000mg/L 的溶液 200mL，于 25℃，在恒温振荡箱中 (150r/min) 分别振荡 24h，然后在离心机中离心 10min(4000r/min)，过滤，取上清液，测定 NH_4^+–N 浓度。拟合 Langmuir 和 Freundlich 方程，得到厌氧污水净化剂对 NH_4^+–N 的饱和吸附量。

TP 的热力学吸附试验，分别称取煤质活性炭、净化剂 2g 于 500mL 三角瓶中，分别加入用磷酸二氢钾配制的 TP 浓度为 10mg/L、20mg/L、30mg/L、40mg/L、50mg/L、60mg/L、70mg/L、80mg/L、90mg/L、100mg/L 的溶液 50mL，于 25℃，在恒温振荡箱中 (220r/min) 分别振荡 24h，然后在离心机中离心 10min(4000r/min)，过滤，取上清液，测定 TP 浓度。拟合 Langmuir 和 Freundlich 方程，得到厌氧污水净化剂对 TP 的饱和吸附量。

试验数据的测试依据中国环境科学出版社出版的图书《水和废水监测分析方法 (第四版)》中规定的标准方法进行测定，分析项目及方法依次为：NH_4^+–N 纳氏试剂分光光度法、TP 钼酸铵分光光度法。实验数据采用 Excel2007、SPSS19.0、origin8.0 整理分析得出。

1. 养殖污水生物净化剂 NH_4^+-N 等温吸附特性

通过等温吸附试验，得到养殖污水生物净化剂和煤质活性炭对 NH_4^+-N 等温吸附曲线（图 5-14、图 5-15）。随着平衡液浓度的增大，净化剂和活性炭对氨氮的吸附容量逐渐上升，净化剂和煤质活性炭对 NH_4^+-N 的最大吸附量为 70.60mg /g、5.12mg/g，净化剂对 NH_4^+-N 的吸附量是煤质活性炭的 13.7 倍。净化剂对溶液中，NH_4^+-N 去除率呈现逐渐下降的趋势，在平衡液起始浓度为 100mg/L 时，NH_4^+-N 的吸附去除率为最大值 96.5%，当平衡液起始浓度增大为 1000 mg/L 时，NH_4^+-N 的吸附去除率下降至 70.6%。煤质活性炭 NH_4^+-N 的吸附去除率从 44% 下降至 24.63%。这是因为氨氮的出水浓度为克服固相和液相之间的传质阻力提供了重要的推动力，因此随着浓度的升高，净化剂和活性炭的吸附能力也相应地提高，但当净化剂和活性炭的吸附达到一定量时，溶液的氨氮和已吸附在净化剂和活性炭表面的氨氮产生斥力，使得吸附基质对氨氮的吸附能力逐渐降低，因此随着氨氮初始浓度的升高，氨氮的去除率逐渐降低。

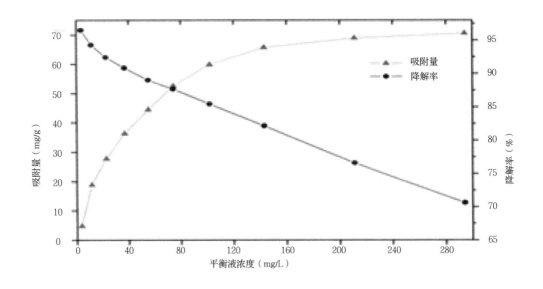

图 5-14　生物净化剂的氨氮等温吸附曲线

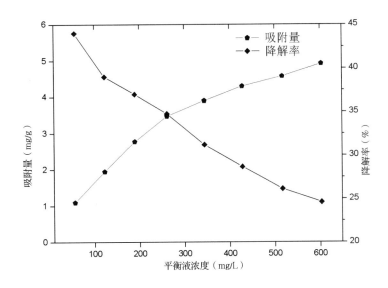

图 5-15　煤质活性炭的氨氮等温吸附曲线

　　等温吸附曲线是用来描述在一定温度条件下，吸附达到平衡时，吸附的吸附量与溶液中吸附质平衡浓度的关系。常用的等温吸附模型有 Langmuir 方程和 Freundlich 方程两种。根据 Freundlich 理论，k、n 为与反应键能有关的经验常数（n 大于 1 表示吸附剂对吸附质的吸附具有优势，n 介于 2 ~ 10 之间为轻易吸附，n 小于 0.5 时，为较难吸附。k 越大，吸附能力越强）。由表 5-22 的净化剂和活性炭的等温吸附模型可以看出，Langmuir 方程与 Freundlich 方程均可以比较准确地描述对氨氮的吸附特征。拟合等温吸附方程得到净化剂对 NH_4^+-N 的饱和吸附量 Xm 为 81.869 mg/g、吸附结合强度 k 为 0.02，与反应键能有关的经验常数 n 为 0.949，Freundlich 方程中 k 值较大。煤质活性炭对 NH_4^+-N 的饱和吸附量 Xm 为 6.5 mg/g、吸附结合强度 k 为 0.001，与反应键能有关的经验常数 n 为 0.784，其对 NH_4^+-N 吸附能力与净化剂相比较弱。由 Langmuir 方程计算出的净化剂和活性炭对 NH_4^+-N 的饱和吸附量比试验中测得分别高 11.27mg/g、5.12 mg/g。耦合了物理吸附—生物降解的生物净化剂与活性炭相比，其饱和吸附量增强了 11.60 倍，说明生物净化剂发挥了其微生物和活性炭的功能特性作用。

表 5-22 生物净化剂、活性炭对 NH$_4^+$-N 的 Langmuir 和 Freundlich 等温吸附方程拟合参数

吸附基质	Langmuir			Freundlich		
	Xm(mg /g)	k	R^2	k	n	R^2
生物净化剂	81.869	0.02	0.994	86.694	0.949	0.992
活性炭	6.500	0.001	0.997	8.07	0.784	0.995

2. 养殖污水生物净化剂 TP 等温吸附特性

通过等温吸附试验研究，得到养殖污水净化剂和煤质活性炭对 TP 等温吸附曲线（图 5-16、图 5-17）。随着平衡液浓度的增大，净化剂和活性炭对氨氮的吸附容量逐渐上升，净化剂和煤质活性炭对 TP 的最大吸附量为 8.6 mg/g、1.8mg/g，净化剂对 TP 的吸附量是煤质活性炭的 4.8 倍。净化剂对溶液中 TP 去除率呈现逐渐下降的趋势，在平衡液起始浓度为 10mg/L 时，TP 的吸附去除率为最大值 96.0%，当平衡液起始浓度增大为 100mg/L 时，TP 的吸附去除率下降至 81.4%。煤质活性炭对 TP 的吸附去除率从 60% 下降至 36%。这是因为溶液中总磷浓度越高，可供净化剂和活性炭吸附的磷基质也就越多，同时溶液与吸附基质之间表面液膜之间的浓度差越大，浓度梯度愈加明显，导致磷向吸附基质表面迁移的推动力也相应增大。因此，随着磷浓度地升高，吸附基质对磷的吸附量也相应地升高。

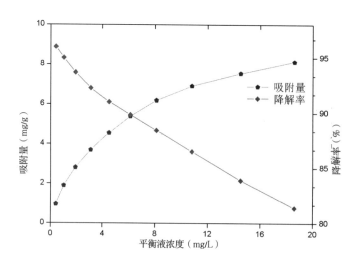

图 5-16 净化剂的总磷等温吸附曲线

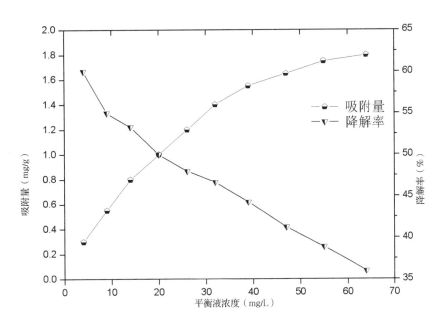

图 5-17　活性炭的总磷等温吸附曲线

由表 5-23 生物净化剂和活性炭的等温吸附模型可以看出，Langmuir 方程与 Freundlich 方程均可以比较准确地描述对总磷的吸附特征。拟合等温吸附方程得到净化剂对 TP 的饱和吸附量 Xm 为 12.616 mg/g、吸附结合强度 k 为 0.184，与反应键能有关的经验常数 n 为 1.359，说明净化剂对 TP 的吸附能力比较有优势，活性炭吸附的 n 值为 1.016，与活性炭相比，净化剂对 TP 有较强的吸附能力。煤质活性炭对 TP 的饱和吸附量 Xm 为 2.61 mg/g、吸附结合强度 k 为 0.024，吸附结合强度 k 为 2.898。由 Langmuir 方程计算出的净化剂和活性炭对 NH_4^+-N 的饱和吸附量比试验中测得的分别高 14.37mg/g、1.57mg/g。

表 5-23　生物净化剂 TP 的 Langmuir 和 Freundlich 等温吸附方程拟合参数

吸附基质	Langmuir			Freundlich		
	Xm(mg/g)	k	R^2	k	n	R^2
生物净化剂	12.616	0.184	0.999	1.85	1.359	0.999
活性炭	2.61	0.024	0.996	2.898	1.016	0.997

研究表明：通过等温吸附特性试验，拟合的 Langmuir 和 Freundlich 等温吸附

模型中，净化剂对 NH_4^+-N 和 TP 的饱和吸附量分别为 81.869 mg/g、12.616 mg/g，活性炭对 NH_4^+-N 和 TP 的饱和吸附量分别为 6.5 mg/g、2.61 mg/g，经过耦合活性炭的物理吸附特性和微生物的生化降解特性的净化剂的吸附量远超活性炭载体，这也反映了活性炭和微生物的协同作用大于单独的活性炭物理吸附作用。从净化剂的拟合参数 k 值可以看出，净化剂对氨氮的吸附能力大于总磷的吸附能力，这在今后的沼液处理中，净化剂适宜优先吸附沼液中的氨氮。饱和吸附量的拟合参数可以为后期净化剂的应用提供技术参数。

（二）生物净化剂吸附动力学特性

试验材料采用模拟配水（只含单一 NH_4^+-N、TP），通过动力学吸附试验，拟合拟一级动力学方程和拟二级动力学方程，得到净化剂的响应指标 NH_4^+-N 和 TP 及其对 NH_4^+-N、TP 的吸附平衡时间 t。

拟一级动力学吸附速率方程：

$$\ln(q_e - q_t) = \ln q_e - t \cdot k_1$$

拟二级动力学吸附速率方程：

$$\frac{t}{q_t} = \frac{1}{k_2 \cdot q_e^2} + \frac{t}{q_e}$$

其中，q_t 为 t 时刻的吸附量 (mg/kg)，q_e 为吸附平衡时吸附剂的吸附量 (mg/kg)，k_1 为一级反应速率常数 h^{-1})，k_2 为二级反应速率常数 (kg/mg·h)。

NH_4^+-N 的吸附动力学试验，分别称取煤质活性炭、净化剂 2g 于 500mL 三角瓶中，加入 800mg/L 的 NH_4^+-N 溶液 200mL，于 25℃，在恒温振荡箱中振荡 (220r/min)，分别于 12h、24h、36h、48h、60h、72h、84h、96h 取出离心管，然后在离心机中离心 10min(4000r/min)，过滤，取上清液，测定 NH_4^+-N 浓度。绘制曲线，得到吸附平衡时间，拟合拟一级动力学吸附速率方程，拟二级动力学吸附速率方程。

TP 的吸附动力学试验，分别称取煤质活性炭、净化剂 2g 于 250mL 三角瓶中，加入 80mg/L 的 TP 溶液 200mL，于 25℃，在恒温振荡箱中振荡 (220r/min)，分别于 12h、24h、36h、48h、60h、72h、84h、96h 取出离心管，然后在离心机中离心 10 min(4000r/min)，过滤，取上清液，测定 TP 浓度。绘制曲线，得到吸附平衡时间，拟合拟一级动力学吸附速率方程，拟二级动力学吸附速率方程。

1. 养殖污水生物净化剂对 NH_4^+-N 吸附动力学特性

通过吸附动力学试验，得到生物净化剂对 NH_4^+-N 吸附动力学曲线（图 5-18）。在平衡液起始浓度为 800mg/L 的条件下，随着吸附时间的延长，净化剂对 NH_4^+-N 的吸附量、去除率随之增大，当吸附时间达到 96h，净化剂对 NH_4^+-N 达到吸附平衡，此时净化剂对 NH_4^+-N 的吸附量为 63.15 mg/g，去除率为 78.94%。拟合拟一级动力学吸附方程和拟二级动力学吸附方程（表 5-24）可知，拟一级动力学吸附方程的相关系数为 0.9917，拟合程度较好。拟二级动力学吸附方程的相关系数为 0.7733，相关系数不高。拟一级动力学得到的饱和吸附量 q_e 与等温吸附中 Langmuir 方程拟合得到的饱和吸附量 Xm 小。分析原因可能是等温吸附试验的最高浓度要大于吸附动力学试验的浓度，高浓度 NH_4^+-N 会促进吸附基质对各指标的吸附，所以 Xm 普遍大于 q_e，但是吸附趋势是相同的，这也验证了试验的合理性和准确性。

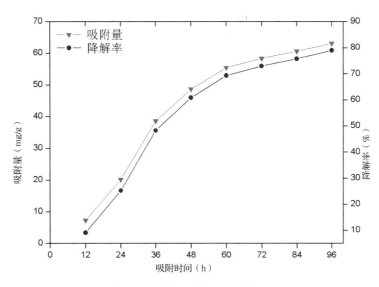

图 5-18　氨氮吸附动力学曲线

表 5-24　净化剂对 NH_4^+-N 的拟一级和二级动力学方程拟合参数

吸附基质	拟一级动力学方程		拟二级动力学方程		
	$k(h^{-1})$	r^2	$q_e(g/mg)$	$k(kg/mg \cdot h)$	r^2
净化剂	0.0441	0.9917	63.15	0.0047	0.7733

2.养殖污水生物净化剂对 TP 吸附动力学特性

通过TP的热力学吸附试验,得到厌氧污水净化剂对TP等温吸附曲线(图5-19)。在平衡液起始浓度为80mg/L 的条件下,随着吸附时间的延长,净化剂对 TP 的吸附量、去除率随之增大,当吸附时间达到 96h,净化剂对 TP 达到吸附平衡,此时净化剂对 TP 的吸附量为 6.77mg/g,去除率为 84.68%。拟合拟一级动力学吸附方程和拟二级动力学吸附方程(表 5-25)可知,拟一级动力学吸附方程的相关系数为0.9929,拟合程度较好。拟二级动力学吸附方程的相关系数为0.8633,相关系数不高。拟一级动力学得到的饱和吸附量 q_e 与等温吸附中 Langmuir 方程拟合得到的饱和吸附量 X_m 小。分析原因可能是等温吸附试验的最高浓度要大于吸附动力学试验的浓度,高浓度 TP 会促进吸附基质对各指标的吸附,所以 X_m 普遍大于 q_e,但是吸附趋势是相同的,这也验证了试验的合理性和准确性。

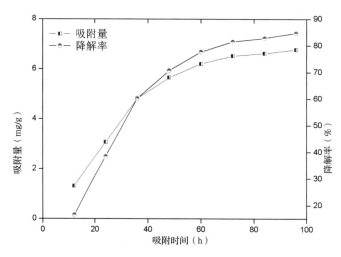

图 5-19 总磷吸附动力学实验

表 5-25 净化剂对 TP 的拟一级和拟二级动力学方程拟合参数

吸附基质	拟一级动力学方程		拟二级动力学方程		
	$k(h^{-1})$	r^2	$q_e(mg/g)$	$k(g/mg \cdot h)$	r^2
净化剂	0.0403	0.9929	6.774	0.0392	0.8633

研究表明：上述吸附动力学特性试验，净化剂对 NH_4^+-N、TP 的吸附平衡时间为 96h，净化剂对 NH_4^+-N、TP 的一级动力学方程的拟合系数较高，拟合度较好，其 k 值分别为 0.0441h^{-1}、0.0403 h^{-1}，说明吸附剂对 NH_4^+-N 的吸附能力比 TP 强，由此可以为后期净化剂的应用试验提供参数。

四、养殖污水生物净化处理功能高效性评价

养殖污水生物高效调控处理的核心技术为生物活性炭制品—养殖污水生物净化剂，其中负载的有效活菌数大于 3.1×10^{11} CFU/g。产品功能性的发挥依赖于生物活性炭应用条件的优化。考虑技术产品对沼液处理的立地及环境条件，对影响技术应用效果的条件分析，得到单因素影响条件下的最佳值，为技术产品应用条件的优化设计提供依据，评价沼液生物处理调控技术的功能性。

（一）养殖污水净化剂功能性效应及其应用条件

1.净化剂投加量的净化效果影响分析

实验方法：以静置状态下的沼液对照（CK 组），设计 6 个实验处理组，技术产品的投加量与沼液量的比值分别为 4g/L（A 组）、8g/L（B 组）、12 g/L（C 组）、16 g/L（D 组）、10mL/L 复合菌株（E 组）、10g/L 活性炭（F 组），水力停留时间 72h 时，取样测试沼液中的 COD_{cr}、BOD_5、NH_3-N、TP 指标，所有实验均进行若干平行实验，以消除偶然误差。养殖厌氧污水取样后进行各项技术指标分析测定，如表 5-26 所示。

表 5-26　沼液主要技术指标

试样	$COD_{cr}(mg \cdot L^{-1})$	$BOD_5(mg \cdot L^{-1})$	NH_3-N $(mg \cdot L^{-1})$	$TP(mg \cdot L^{-1})$
沼液	2842	850	706	87

不同处理组对沼液的 COD_{cr}、BOD_5、NH_3-N、TP 降解率如表 5-27 所示。随着投加量的增加，各指标的降解率随之增大。当投加量为 12g/L 时，沼液中

COD_{cr}、BOD_5、NH_3-N、TP 降解率为 86.45%、82.59%、88.95%、90.80%；当投加量为 16g/L 时，沼液中 COD_{cr}、BOD_5、NII_3-N、TP 降解率为 89.27%、84.12%、90.08%、92.53%，与投加量为 12g/L 时相比，各指标的降解率提高了 2.82%、1.53%、1.13%、1.73%，投加量的增加提高了沼液的熟化效果，这是由于技术产品量的增加加剧了与污染物之间的碰撞，增加了接触的机会，提高污染物的去除效果。虽然 16g/L 实验组的降解率提高了，但与 12g/L 实验组相比，其降解率提高不明显，从技术产品投加量的成本分析，选用的投加量为 12g/L。

表 5-27　生物净化剂产品对沼液中各指标的降解率

实验组	降解率（%）			
	COD	BOD	氨氮	总磷
A	16.40	26.47	16.57	22.99
B	46.87	45.29	53.54	48.28
C	86.45	82.59	88.95	90.80
D	89.27	84.12	90.08	92.53
E	39.44	30.59	36.40	35.63
F	6.58	8.82	6.80	5.75

分析不同投加量的技术产品对沼液中 COD_{cr}、BOD_5、NH_3-N、TP 降解能力，单位质量的技术产品降解能力具体见表 5-28 和图 5-20。从表中可以看出，复合菌群（E 组）对沼液中 COD_{cr}、BOD_5、NH_3-N、TP 的降解能力分别为 112.16mg/g、26.00 mg/g、25.70 mg/g、3.10 mg/g，活性炭（F 组）对沼液中 COD_{cr}、BOD_5、NH_3-N、TP 的降解能力分别为 18.76 mg/g、7.50 mg/g、4.80 mg/g、0.50 mg/g，而多功能协同熟化技术产品在投加量为 12g/L 时（C 组），对沼液的 COD_{cr}、BOD_5、NH_3-N、TP 的降解能力分别为 204.80 mg/g、58.50 mg/g、52.33 mg/g、6.58 mg/g，远高于复合菌群、活性炭单独对沼液的污染物去除能力。

随着熟化技术产品投加量继续增加，对沼液中的 COD_{cr}、BOD_5、NH_3-N、TP 降解能力反而下降，说明单纯地增加投加量并不能提高生物技术产品单位质量的降解能力，在投加量为 12g/L 时，其对污染物的降解能力已达到最优，从熟化技术产品的功能特性方面分析，宜选用的投加量为 12g/L。

表 5-28 单位质量净化剂对沼液中各指标的降解能力

实验组	COD 降解能力 （mg/g）	BOD 降解能力 （mg/g）	氨氮降解能力 （mg/g）	总磷降解能力 （mg/g）
A	116.65	56.25	29.25	5.00
B	166.58	48.13	47.25	5.25
C	204.80	58.50	52.33	6.58
D	158.60	44.69	39.75	5.03
E	112.16	26.00	25.70	3.10
F	18.76	7.50	4.80	0.50

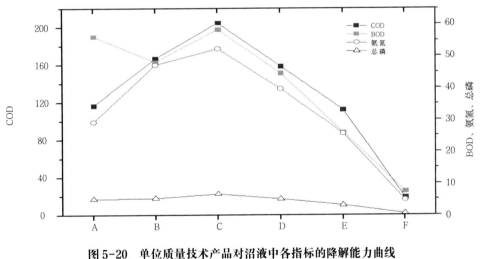

图 5-20 单位质量技术产品对沼液中各指标的降解能力曲线
图

研究表明：通过生物多功能协同熟化技术研发的产品，对沼液的 COD_{cr}、BOD_5、NH_3-N、TP 降解能力分别为 204.80mg/g、58.50mg/g、52.33mg/g、6.58 mg/g。从净化程度和作用能力分析，养殖污水生物净化剂产品与单独的复合菌株或活性炭相比有显著的优势，验证了菌群与活性炭结合之后对沼液生物处理起协同作用。综合考虑产品功能特性和投加量的成本，实际应用宜选用投加量为 12g/L，此时沼液的 COD_{cr}、BOD_5、NH_3-N、TP 降解率分别是 86.45%、82.59%、88.95% 和 90.80%。

2. 温度的净化效果影响分析

沼液温度随环境温度变化而变化，夏天沼液的温度可达到 30℃以上，冬天沼液的温度一般在 10℃左右，而温度是影响微生物菌株生长的关键因素之一，沼液温度对技术产品中的复合菌群的功能性发挥有一定程度的影响。

实验方法：以静置状态下的沼液对照（CK 组），设置沼液的温度为 15℃、20℃、25℃、30℃和 35℃，沼液温度通过恒温水浴锅进行调节和恒定。生物净化剂产品投加量与沼液量的比值 12 g/L，在水力停留时间 72h 时，取样测试沼液中的 COD_{cr}、BOD_5、NH_3-N、TP 指标，计算在不同温度条件下熟化技术产品对沼液的降解效果和降解能力。

不同温度条件下沼液的 COD_{cr}、BOD_5、NH_3-N、TP 降解率值如表 5-29 所示。随着沼液温度的升高，各指标的降解率呈逐步上升的趋势（图 5-21）。当沼液温度为 10℃时，各指标的降解率分别为 48.95%、45.85%、31.68% 和 32.33%，均不超过 50%，说明在 10℃时熟化技术产品对各指标的作用较弱。当沼液温度为 35℃时，各指标的降解率分别为 89.58%、84.16%、90.56%、91.96%，各指标的降解率达到最大值，各指标均达到关键畜禽养殖业污染物排放标准（二级），污染物去除效果最佳。在沼液温度为 35℃时，各指标的降解与 25℃相比，其变化幅度在 1.5% ~ 3.0%，变化幅度不大。这是由于复合菌群的生长与沼液温度有关，复合菌群的适宜生长温度在 25 ~ 35℃，在此温度范围内，复合菌群生长良好。因此，熟化技术产品对沼液的污染物降解能力较好。考虑到沼液温度一般在 25℃，在夏季高温季节可以达到 35℃以上，温度升高并不会减弱生物净化剂产品对沼液 COD_{cr}、BOD_5、NH_3-N、TP 的降解性能，冬季低温季节，在温度低于 10℃时，对沼液的去污能力较差。

表 5-29　不同温度条件下沼液中各指标的降解率

温度（℃）	COD 降解率（%）	BOD 降解率（%）	氨氮降解率（%）	总磷降解率（%）
10	48.95	45.85	31.68	32.33
15	76.45	68.84	58.16	65.67
20	82.45	78.65	82.57	80.51

续表

温度（℃）	COD 降解率（%）	BOD 降解率（%）	氨氮降解率（%）	总磷降解率（%）
25	87.04	82.62	88.97	91.01
30	88.64	83.45	90.15	91.53
35	89.58	84.16	90.56	91.96

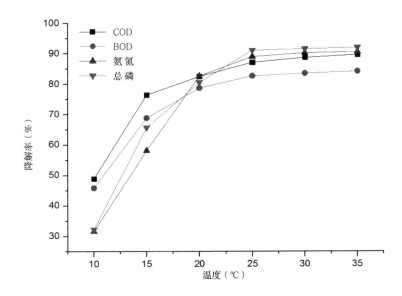

图 5-21　不同温度条件下沼液中各指标的降解率变化图

分析生物净化剂在不同温度条件下对沼液的 COD_{cr}、BOD_5、NH_3-N、TP 降解能力，具体见表 5-30 所示。随着沼液温度的升高，熟化技术产品对沼液的 COD_{cr}、BOD_5、NH_3-N、TP 降解能力逐步上升，在 35℃条件下，对沼液 COD_{cr}、BOD_5、NH_3-N、TP 降解能力达最大值，分别为 212.16mg/g、59.61 mg/g、53.28 mg/g、6.67 mg/g；在 25℃条件下，对沼液的 COD_{cr}、BOD_5、NH_3-N、TP 降解能力分别为 206.14 mg/g、58.52 mg/g、52.34 mg/g、6.60 mg/g，在这两种温度条件下，生物净化剂的降解能力有提高，但是提高的幅度不大。考虑到沼液保持在 35℃需要大量的能耗，而常温 25℃技术产品已发挥较好的去污功能性能。因此，生物净化剂技术应用适宜的沼液温度为 25℃。

表 5-30　不同温度条件下技术产品对沼液中各指标的降解能力

温度（℃）	COD 降解能力 （mg/g）	BOD 降解能力 （mg/g）	氨氮降解能力 （mg/g）	总磷降解能力 （mg/g）
10	115.93	32.48	18.64	2.34
15	181.06	48.76	34.22	4.76
20	195.27	55.71	48.58	5.84
25	206.14	58.52	52.34	6.60
30	209.93	59.11	53.04	6.64
35	212.16	59.61	53.28	6.67

研究表明：当沼液温度在 25 ~ 35℃时，熟化技术产品对沼液中污染物具有较好的降解能力，这与其中复合菌群的生长有关。复合菌群适宜的生长温度在 25 ~ 35℃，在此温度范围内，复合菌群生长良好，因此对沼液的净化能力较好。在 35℃条件下的污染物降解能力与 25℃条件下相比，升高的幅度不大。在福建地区，全年环境温度高于 35℃或低于 10℃的时间较短，通过对污染物降解能力分析，生物技术产品对沼液温度具有较好的适应性，在 25℃条件下，对沼液的 COD_{cr}、BOD_5、NH_3-N、TP 降解能力分别为 206.14mg/g、58.52mg/g、52.34 mg/g、6.60 mg/g。

3. pH 的净化效果影响分析

养殖场排放的沼液 pH 值范围在 6.5 ~ 8.5，通过研究生物净化产品对不同 pH 值的沼液净化效果，评价其净化功能。

实验方法：以静置状态下的沼液对照（CK 组），分别设置沼液的 pH 值为 6.5、7.0、7.5、8.0、8.5，不同 pH 值的沼液通过酸碱调整，生物净化技术产品的投加量与沼液量的比值 12g/L，在水力停留时间 72h 时，取样测试沼液中的 COD_{cr}、BOD_5、NH_3-N、TP 指标。

养殖污水生物净化剂对不同 pH 值沼液的 COD_{cr}、BOD_5、NH_3-N、TP 降解率值如表 5-31 所示。随着 pH 值的变化，各指标的降解率呈先上升后下降的趋势。当 pH 值为 7.0 时，沼液各指标的降解率最高，其 COD_{cr}、BOD_5、NH_3-N、TP 降解率分别为 87.04%、82.62%、88.97% 和 91.01%。pH 值为 7.5 时，各指标的降解率与

pH 值为 7.0 时相比，有略微降低，这可能与复合菌群的生长有关。复合菌群适宜生长的 pH 值范围在 6.5 ~ 7.5 之间，熟化技术处理此范围内的沼液具有较好的降解率。pH 值为 6.5、7.0、7.5 时，沼液氨氮的降解率并没有显著变化，这与复合菌群中枯草芽孢杆菌耐酸碱有关，沼液的 pH 值变化对生物技术产品的氨氮降解能力并没有显著影响，不同 pH 值条件下对沼液中各指标的降解能力见表 5-32，在 pH 值为 7.0 时，沼液各指标的净化能力为 206.14mg/g、58.52mg/g、52.34mg/g、6.60mg/g。

表 5-31　不同 pH 值条件下沼液中各指标的降解率

pH 值	COD 降解率(%)	BOD 降解率(%)	氨氮降解率(%)	总磷降解率(%)
6.5	77.40	73.20	83.60	73.50
7.0	87.04	82.62	88.97	91.01
7.5	80.50	79.80	83.00	80.50
8.0	60.50	57.60	51.60	52.30
8.5	46.30	39.50	21.60	19.70

表 5-32　不同 pH 值条件下熟化技术产品对沼液中各指标的降解能力

pH 值	COD 降解能力 （mg/g）	BOD 降解能力 （mg/g）	氨氮降解能力 （mg/g）	总磷降解能力 （mg/g）
6.5	183.31	51.85	49.18	5.33
7.0	206.14	58.52	52.34	6.60
7.5	190.65	56.53	48.83	5.84
8.0	143.28	40.80	30.36	3.79
8.5	109.65	27.98	12.71	1.43

研究表明：当沼液 pH 值为 6.5 ~ 7.5 时，熟化技术产品对各指标的降解率有差异，但并未达到极显著水平，这可能与复合菌群的生长有关，复合菌群适宜生长的 pH 值范围在 6.5 ~ 7.5 之间，熟化技术处理此范围内的沼液具有较好的降解率。当沼液 pH 值为 7.0 时，熟化技术产品对沼液中各指标的降解率最高，其 COD_{cr}、

BOD_5、NH_3-N、TP 降解率分别为 87.04%、82.62%、88.97% 和 91.01%，对各指标的净化能力为 206.14mg/g、58.52 mg/g、52.34 mg/g、6.60mg/g。

4. 沼液 COD 负荷的净化效果影响分析

由于厌氧工艺的差异导致厌氧出水（沼液）的 COD 变化范围较大，其 COD 降解率通常在 60% ~ 90%，沼液 COD 负荷范围在 1000 ~ 3000 mg/L。研究沼液 COD 负荷变化对熟化效果的影响，确定熟化技术适宜应用的沼液 COD 负荷范围。

实验方法：取不同养殖场不同厌氧发酵工艺出水（沼液），沼液各指标见表 5-33。技术产品投加量与沼液量的比值 12 g/L，在水力停留时间 72h 时，取样测试沼液中的 COD_{cr}、BOD_5、NH_3-N、TP 指标。从试样测试的指标可以看出，随着沼液 COD 指标的升高，其中 BOD_5、NH_3-N、TP 各指标也随之升高。

表 5-33　沼液试样各指标浓度值

实验组	COD 指标浓度 (mg/L)	BOD 指标浓度 (mg/L)	氨氮指标浓度 (mg/L)	总磷指标浓度 (mg/L)
ZY-A	1540	655	445	54
ZY-B	2842	850	706	87
ZY-C	3670	1080	1021	114

养殖污水生物净化剂技术运用于不同负荷沼液的 COD_{cr}、BOD_5、NH_3-N、TP 时降解率变化如表 5-34 所示。随着负荷条件的变化，各指标的降解率呈先上升后下降的趋势。熟化技术对不同 COD 负荷沼液的 COD_{cr} 降解排序如下：COD_{cr} 2842mg/L > COD_{cr} 1540mg/L > COD_{cr} 3670mg/L。在沼液 COD 负荷为 2842 mg/L 时，沼液各指标的降解率最高，其 COD_{cr}、BOD_5、NH_3-N、TP 降解率分别为 87.04%、82.59%、88.95%、91.03%；当沼液 COD_{cr} 为 1540mg/L 时，其 BOD_5 为 655mg/L，其 BOD_5/COD_{cr} 的比值约为 0.42，该沼液可生化性好，但沼液中的碳氮磷等营养物质浓度较低，并不能完全满足复合菌群的生长需求，在此条件下应用熟化技术具有一定的污染物降解效果，其 COD_{cr}、BOD_5、NH_3-N、TP 降解率分别为 72.40%、72.52%、78.65%、80.93%；当沼液 COD_{cr} 为 2842mg/L 时，其 BOD_5 为 850mg/L，

其 BOD_5/COD_{cr} 的比值约为 0.30，该沼液具有可生化性，沼液中的碳氮磷等营养物质比例符合净化剂中复合菌群生长的营养条件，在此条件下熟化技术应用的效果最好；当 COD_{cr} 为 3670mg/L 时，其 BOD_5 为 1080mg/L，其 BOD_5/COD_{cr} 的比值约为 0.29，该沼液可生化性略低，虽然其中的碳氮磷等营养物质也相应增加，但其中的污染物浓度较高，复合菌群中的小球藻、施氏假单胞菌的抗毒性能力较弱，造成其生长能力较差，不能完全发挥熟化技术中的复合菌群的协同作用，总磷降解率降低了，相应的在此浓度下的 COD 和 BOD 降解率下降较显著，而枯草芽孢杆菌和 *Nitrosomonas europaea* 和汉堡硝化杆菌的抗毒性抗冲击能力较强，其生物活性并没有受到明显抑制，其氨氮降解率下降不明显。

表 5-34　不同负荷条件下沼液中各指标的降解率值

实验组	COD 降解率（%）	BOD 降解率（%）	氨氮降解率（%）	总磷降解率（%）
ZY-A	72.40	72.52	78.65	80.93
ZY-B	87.04	82.59	88.95	91.03
ZY-C	65.67	58.90	86.29	68.77

养殖污水生物净化剂对不同 COD 负荷沼液的 COD_{cr} 降解率排序如下：COD_{cr} 2842mg/L > COD_{cr} 1540mg/L > COD_{cr} 3670mg/L。当沼液 COD_{cr}、BOD_5、NH3-N、TP 指标为 2842mg/g、850 mg/g、706 mg/g、87mg/L 时，各指标的降解率为 87.04%、82.59%、88.95% 和 91.03%。沼液不同 COD 负荷条件下，由于沼液中营养物质和污染物质浓度的不同，复合菌群的生长差异导致其对沼液的净化能力不同，由此得到处理沼液的较佳的 COD 负荷范围为 2500 ~ 3000mg/L。

5. 水力停留时间的净化效果影响分析

水力停留时间（HRT）对沼液处理的工程设施建设有重要的影响，HRT 的缩短可以减少处理设施的占地面积，降低投资成本，HRT 的确定为指导沼液处理工艺的设施建设及净化技术应用条件的控制具有重要意义。

实验方法：以静置状态下的沼液对照（CK 组），熟化技术产品的投加量为 12g/L，在不同水力停留时间 24h、48h、72h、96h、120h 时,取样测试沼液中的 COD_{cr}、BOD_5、NH_4^+-N、TP 指标,计算各指标的降解率。

（1）水力停留时间对降解沼液 COD 的影响

在不同水力停留时间对沼液中的 COD 降解率及 COD 指标见表 5-35、表 5-36。实验结果表明,熟化技术处理沼液 24 h 时,COD 降解率达 55.95%,具有较好的降解效果,随着时间的延长其降解率逐渐升高。处理时间为 96h 时,沼液 COD 降解率达 89.29%,在 120h 时 COD 降解率达 89.73%,增加的幅度不大,说明在 96h 时沼液中 COD 生化处理过程已基本结束,再延长处理时间并不能使降解率有更大的提高,这是因为处理后期沼液中的有机物等营养物质并不足以维持产品应用过程中复合菌群的生长,导致其降解率下降。

在 96h 时沼液中 COD 指标为 305 mg/L,而 120h 时指标为 292 mg/L,降低了 13mg/L,说明在沼液处理后期,时间的延长并不能提高降解效果。根据国家畜禽养殖业污染物二级排放标准,沼液 COD 排放指标是小于 400 mg/L,技术应用 96h 时已达到出水指标。综合考虑沼液效果及沼液处理设施工程建设两方面,COD 指标达标排放的适宜时间为 96h。

表 5-35　不同水力停留时间沼液的 COD 降解率

	24h	48h	72h	96h	120h
COD 降解率（%）	55.95	78.81	84.37	89.29	89.73

表 5-36　不同水力停留时间沼液的 COD 指标

	24h	48h	72h	96h	120h
COD 指标（mg/L）	1252	602	444	305	292

（2）水力停留时间对降解沼液 BOD_5 的影响

在不同的水力停留时间,生物净化剂产品对沼液中的 BOD_5 降解率及 BOD_5 指标见表 5-37、表 5-38。实验结果表明,随着时间的延长,沼液 BOD_5 降解率呈逐渐上升的趋势,在 24h 时降解率为 61.31%,在 120h 其降解率为 89.29%。沼液

BOD$_5$ 指标在 24h 内下降的速率大于 COD，这可能是 24h 内生物技术产品降解的有机物主要是以 BOD$_5$ 形式存在的易降解的 BOD$_5$，在 96h 时沼液中 BOD 指标为 95mg/L，而 120h 时指标为 80mg/L，说明在处理后期，时间的延长并不能提高其降解能力。根据国家畜禽养殖业污染物排放标准，沼液 BOD$_5$ 排放指标小于 150mg/L，处理 72h 已达到出水指标。

表 5-37　不同水力停留时间下沼液的 BOD$_5$ 降解率

	24h	48h	72h	96h	120h
BOD$_5$ 降解率（%）	61.31	75.00	80.93	83.69	89.29

表 5-38　不同水力停留时间下沼液的 BOD$_5$ 指标

	24h	48h	72h	96h	120h
BOD$_5$ 指标（mg/L）	325	210	135	95	80

（3）水力停留时间对降解沼液 NH$_4^+$-N 的影响

在不同水力停留时间熟化技术对沼液中的 NH$_4^+$-N 降解率及 NH$_4^+$-N 指标见表 5-39、表 5-40。实验结果表明，随着时间的延长，沼液 NH$_4^+$-N 降解率呈逐渐上升的趋势。熟化技术在 24h 时降解率为 57.68%，在 96h 时降解率最大值为 91.73%，在 120h 时降解率最大值为 91.86%，120h 与 96h 的 NH$_4^+$-N 降解率变化不大，随着时间的延长，沼液中 NH$_4^+$-N 浓度已逐渐下降，沼液中碳源、氮源浓度的降低并不能维持复合菌群保持一定的生长数量，导致氨氮降解率下降，在 96h 时熟化技术应用过程中的复合菌株 *Nitrosomonas europaea* 和汉堡硝化杆菌和枯草芽孢杆菌对沼液中的 NH$_4^+$-N 的脱氮处理已达到最大值。

根据国家畜禽养殖业污染物二级排放标准，沼液 NH$_4^+$-N 排放指标是小于 80mg/L，在处理 96h 时氨氮已达到该排放标准。因此，沼液 NH$_4^+$-N 指标达标的处理时间为 96h。

表 5-39 不同水力停留时间下沼液的 NH_4^+-N 降解率值

	24h	48h	72h	96h	120h
NH_4^+-N 降解率（%）	57.68	76.60	86.23	91.73	91.86

表 5-40 不同水力停留时间下沼液的 NH4+-N 指标

	24h	48h	72h	96h	120h
NH_4^+-N 指标（mg/L）	298.57	165.09	97.14	58.33	57.40

（4）水力停留时间对降解沼液 TP 的影响

不同水力停留时间下，熟化技术对沼液中的 TP 降解率及 TP 指标见表 5-41、表 5-42 所示。实验结果表明，随着时间的延长，沼液 TP 降解率呈先下降后逐渐上升的趋势。在 24h 时降解率为 57.79%，在 72h 时降解率最大值为 92.14%，而后降解率又下降，在 120h 时降解率降为 83.11%，随着时间的延长，熟化技术应用过程中的小球藻可以直接利用沼液中的 PO_4^{3-}，降低了沼液中 PO_4^{3-} 的浓度，而施氏假单胞菌主要是通过过度摄磷的方式吸收磷，在处理时间为 72h 后，沼液中有机物、NH_4^+-N、PO_4^{3-} 浓度已逐渐下降，沼液中碳源、氮源浓度的降低使施氏假单胞菌的数量下降，菌群之前吸收掉的 PO_4^{3-} 又被释放出来，导致沼液中 PO_4^{3-} 浓度升高，TP 指标也相应升高。

根据国家畜禽养殖业污染物二级排放标准，沼液 TP 排放指标是小于 8.0mg/L，技术处理 72~96h 时出水指标达到排放标准，超过 96h 时，其指标反而升高。因此，沼液 TP 指标适宜的处理时间为 96h。

表 5-41 不同水力停留时间下沼液的 TP 降解率值

	24h	48h	72h	96h	120h
TP 降解率（%）	57.79	76.52	92.14	91.29	83.11

表 5-42　不同水力停留时间下沼液的 TP 指标

	24h	48h	72h	96h	120h
TP 指标（mg/L）	36.72	20.43	6.84	7.58	14.69

（5）水力停留时间对沼液微生物菌群的影响

不同水力停留时间，沼液中复合菌群有效活菌数的变化情况见表 5-43。随着时间的延长，沼液中复合菌群的数量呈先上升后下降的趋势，复合菌群数量的变化与沼液中 COD、NH_4^+-N、TP 的变化呈正相关。在应用生物净化剂处理沼液之前，沼液中已有的菌群数量为 1.0×10^4 CFU/mL，处理 24h 时，沼液中有效活菌数开始上升，到 72h 时沼液中的菌群数量为 3.4×10^8 CFU/mL，而后菌群数量开始下降，在 120h 时沼液中菌群数量下降至 1.6×10^4 CFU/mL。72h 时菌群数量与熟化技术处理前的有效活菌数 3.0×10^{11} CFU/g 相比仍有差异，原因是载体炭上的复合菌株并未释放到水体中，直接反映了复合菌群与活性炭结合的牢固性和稳定性，从处理效果方面分析，复合菌群释放酶到水体中，促进水体中污染物的降解，熟化技术在沼液中仍能发挥其功能特性。从复合菌群的生长情况分析，沼液中的微生物菌群生长的最佳时间为 72h，在 72 ~ 96h 后趋于下降，处理 96h 时其中各指标均达到国家畜禽养殖业二级排放标准。

表 5-43　不同水力停留时间下沼液中复合菌群的有效活菌数

	0h	24h	48h	72h	96h	120h
有效活菌数（CFU/mL）	1.0×10^4	1.2×10^5	2.5×10^7	3.4×10^8	2.8×10^6	1.6×10^4

研究表明：不同水力停留时间对沼液中各指标的影响不同，随着水力停留时间的延长，沼液中 COD、氨氮指标逐渐下降，而 BOD 指标随之逐渐上升，TP 和沼液微生物菌群有效活菌数的指标呈先上升后下降的趋势。根据国家畜禽养殖业二级排放标准，综合熟化技术对各指标的降解情况，适宜的熟化时间为 96h。熟化技术处理沼液 96h 时，沼液的 COD_{cr}、BOD_5、NH_3-N、TP 降解率分别为 89.29%、83.69%、91.73% 和 91.29%，各指标值为 305mg/L、95mg/L、58.33 mg/L、7.58 mg/L，

均达到二级排放标准。

通过生物净化剂技术影响因素分析，综合考虑技术应用的适应性、经济成本、建设成本及应用效果，确立生物净化技术应用的较佳条件为：投加量为12g/L、沼液温度为25℃、当沼液 pH 值为7.0、沼液的 COD 负荷为2842mg/L、水力停留时间为96h 时，技术应用对沼液的 COD_{cr}、BOD_5、NH_3-N、TP 降解的降解能力分别为206.14 mg/g、58.52 mg/g、52.34 mg/g 和 6.60 mg/g。

（二）养殖污水生物净化处理功能高效性生物学作用机制分析

利用微生物固定化技术使多功能微生物与炭载体良好的结合，可以同时发挥活性炭吸附与生物降解的协同作用。其协同作用机制如图 5-22 所示：活性炭本身具有很大的比表面积及大量空隙，可以通过物理化学作用吸附沼液中的有机物等，同时，活性炭又为微生物的生长提供了很好的条件，微生物通过物理吸附定植在活性炭上，载体炭上吸附的有机质能很快地被微生物降解，形成了持续的吸附－降解循环效应，同时微生物代谢的产物又可作为彼此利用的营养底物，提高微生物的生物活性，促进微生物对污染物的协同降解作用。

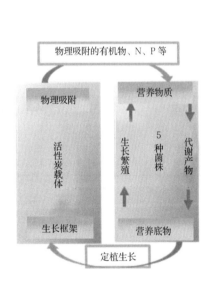
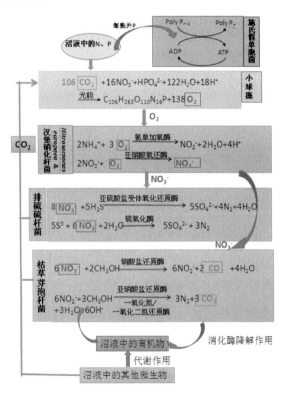

图 5-22　生物多功能协同净化作用机制分析图

负载在活性炭上的真核生物小球藻以二氧化碳为碳源，吸收污水中的氮磷，进行自养生长，完成细胞增殖并释放氧气。亚硝化假单胞菌、*Nitrosomonas europaea* 和汉堡硝化杆菌可以利用小球藻产生的氧气进行自养生长，高效去除高浓度氨氮，同时调节污水 pH，促使硝化反应发生并提高溶液碳氮比，有利于其他微生物生长，从而提高氨氮、有机质降解。好氧反硝化菌枯草芽孢杆菌利用硝化细菌产生的硝酸根、亚硝酸根进行硝酸盐同化和呼吸作用，进一步脱氮。此外，排硫硫杆菌在亚硫酸盐受体氧化还原酶的作用下，将沼液中硫化物和部分亚硝酸盐代谢转化为硫酸根，在硫氧化酶的作用下，将硫单质和部分亚硝酸盐转化为氮气。枯草芽孢杆菌分泌的高活性消化酶，可以迅速降解沼液中有机物，从而降低 COD，降解后的 COD 可以作为其他几种微生物利用的底物。施氏假单胞菌在好氧环境下，通过聚磷的作用，移除沼液中的磷。上述 5 种细菌在底物利用过程中产生的 CO_2 为小球藻的生长提供碳源，从而形成复合菌群，协同促进降解沼液中污染物的反应体系。

五、养殖污水生物净化的数学调控模型建立与效应评价

（一）生物净化剂技术应用条件响应面分析

应用生物高效净化技术处理沼液的过程中，研究发现，随着水力停留期的延长，COD 降解率随之升高，而 BOD_5 降解率随之降低，如何在这两者之间寻找一个平衡点，得到最佳的水力停留期，为此需要优化净化技术处理沼液的应用条件。

响应面法 (Response Surface Methodology，简称 RSM) 是利用合理的试验设计，采用多元二次回归方程拟合因素与响应值之间的函数关系，通过对回归方程的分析来定向地优化响应因子，寻求最优条件，利用得到的三维立体图形，观察分析响应曲面，最后得出最佳实验条件。目前，该法已经广泛应用于各种分析中，实验采用此方法对养殖污水生物净化技术应用条件进行优化，以达到同时降低沼液中的 COD_{cr}、BOD_5 技术指标的目的，为技术实践应用提供参考。因此，在单因素实验的基础上，利用 design-expert 8.05b 分析软件对养殖污水生物净化技术应用效果的影响因素（投加量和沼液的水力停留期、温度、pH 等）进行 Plackett-Burman 设计，找出影响沼液 COD_{cr} 降解率的 3 个主要因素，再进行最陡爬坡实验，得出这 3 因素

的最佳中心点，最后用分析软件的 Box-Behnken 设计建立响应曲面模型，优化技术最佳应用条件。

1. Box-Behnken 响应面实验设计与分析

根据 Box-Behnken 中心组合设计原理，以投加量、水力停留期和温度 3 个因素为自变量（分别以 X_1、X_2、X_3 表示），以沼液的 COD_{cr}、BOD_5 技术指标（分别以 Y_1、Y_2 表示）为响应值，设计 3 因素 3 水平共 17 个实验点的响应面分析实验，实验因素水平及编码如表 5-44 所示。

表 5-44 Box-Behnken 响应面设计实验因素水平和编码

关键影响因素	编码水平		
	−1	0	1
X_1 投加量（g·L^{-1}）	8	10	12
X_2 水力停留期（d）	2.5	3.5	4.5
X_3 温度（℃）	15	25	35

响应面实验结果见表 5-45 所示，用统计分析软件进行方差分析（见表 5-46），得出投加量（X_1）、水力停留期（X_2）、温度（X_3）与 COD_{cr} 降解率的二次多项回归方程为：

COD_{cr} 降解率（%）= $84.78 + 7.55 X_1 + 4.29 X_2 + 1.09 X_3 - 4.99 X_1^2 + 0.77 X_1 X_2 + 0.025 X_1 X_3 - 0.201 X_2^2 - 0.45 X_2 X_3 - 1.82 X_3^2$。

表 5-45 Box-Behnken 响应面实验设计及结果

项目	X_1 投加量 (g·L^{-1})	X_2 水力停留期 (d)	X_3 温度 (℃)	Y_1 COD_{cr} 降解率（%）	Y_2 BOD_5 降解率（%）
1	−1	−1	0	67.7	60.8
2	−1	1	0	73.5	50.3
3	1	−1	0	80.5	84.7
4	1	1	0	89.4	69.4

续表

项目	X_1 投加量 (g·L^{-1})	X_2 水力停留期 (d)	X_3 温度 (℃)	Y_1 COD_{cr} 降解率 (%)	Y_2 BOD_5 降解率 (%)
5	0	−1	−1	74.6	77.4
6	0	−1	1	77.5	73.2
7	0	1	−1	85.3	61.2
8	0	1	1	86.4	64.5
9	−1	0	−1	68.9	52.6
10	1	0	−1	84.7	76.5
11	−1	0	1	71.2	55.4
12	1	0	1	87.1	79.8
13	0	0	0	85.5	75.9
14	0	0	0	85.7	76.5
15	0	0	0	84.9	75.2
16	0	0	0	84.2	74.9
17	0	0	0	83.6	73.8

由表 5-46 可以看出，该模型的总回归 $Pr > F$ 值小于 0.0001，说明该模型回归极显著，失拟项不显著，说明回归方程描述各因素与响应值之间的非线性方程关系是显著的，说明这种实验方法是可靠的。上述 COD_{cr} 降解率回归方程的回归系数显著性检验表明：投加量、水力停留期、温度对 COD_{cr} 降解率的线性、二次项效应都达到显著水平，投加量、水力停留期因素的线性影响都达到极显著水平、温度因素线性影响都达到显著水平，但是这三因素之间的交互效应影响不显著。由相应曲面的 ANOVA 分析可知，模型的决定系数 R^2 为 0.9905，调整决定系数 R^2adj 为 0.9784，R^2–R^2adj < 0.2，说明模型的精密度、可信度较高，预测值与实测值的可信度较高。

表 5-46　COD_{cr} 降解率回归分析结果

方差来源	自由度	平方和	均方	F 值	$Pr > F$ 值	显著性
模型	9	763.08	84.79	81.35	< 0.0001	**

续表

方差来源	自由度	平方和	均方	F 值	$Pr > F$ 值	显著性
X_1	1	456.02	456.02	437.55	< 0.0001	**
X_2	1	147.06	147.06	141.10	< 0.0001	**
X_3	1	9.46	9.46	9.08	0.0196	*
X_1X_2	1	2.40	2.40	2.31	0.1727	
X_1X_3	1	2.500E-003	2.500E-003	2.399E-003	0.9623	
X_2X_3	1	0.81	0.81	0.78	0.4073	
X_1^2	1	104.84	104.84	100.60	< 0.0001	**
X_2^2	1	17.10	17.10	16.40	0.0049	**
X_3^2	1	13.87	13.87	13.31	0.0082	**
残差	7	7.30	1.04			
失拟	3	4.19	1.40	1.80	0.2873	
纯误差	4	3.11	0.78			
总和	16	770.38				

注：P 值表明模型和实际数值的拟合度；P 值小于 0.05，表示模型和实际数值的拟合度高，模型或者因素具有显著性，P 值小于 0.01，表示模型或者因素具有极其显著性。"*"表示显著，"**"表示极显著。

用统计分析软件进行方差分析和多元回归分析，得出投加量（X_1）、水力停留期（X_2）、温度（X_3）与 BOD_5 降解率的二次多项回归方程为：

BOD_5 降解率（%）$=75.26+11.41X_1-6.34X_2+0.65X_3-5.98X_1^2-1.20X_1X_2+0.12X_1X_3-2.98X_2^2+1.88X_2X_3-3.203X_3^2$

由表 5-47 可以看出，该模型的总回归 $Pr > F$ 值 < 0.0001，说明该模型回归极显著，失拟项不显著，说明回归方程描述各因素与响应值之间的非线性方程关系是显著的，说明这种实验方法是可靠的。上述方程的回归系数显著性检验表明：投加量、水力停留期、温度对 BOD_5 降解率的一次项、二次项影响都达到极显著水平，但是这三因素之间的交互效应影响不显著。由相应曲面的 ANOVA 分析可知模型的决定系数 R^2 为 0.9928，调整决定系数 R^2adj 为 0.9799，R^2-R^2adj < 0.2，说明模型的精密度、可信度较高，预测值与实测值的可信度较高。

表 5-47　BOD_5 降解率回归分析结果

方差来源	自由度	平方和	均方	F 值	$Pr > F$ 值	显著性
模型	9	1641.01	182.33	91.50	< 0.0001	**
X_1	1	1041.96	1041.96	522.87	< 0.0001	**
X_2	1	321.31	321.31	161.24	< 0.0001	**
X_3	1	3.38	3.38	1.70	0.2340	
X_1X_2	1	5.76	5.76	2.89	0.1329	
X_1X_3	1	0.062	0.062	0.031	0.8644	
X_2X_3	1	14.06	14.06	7.06	0.0326	*
X_1^2	1	150.57	150.57	75.56	< 0.0001	**
X_2^2	1	37.39	37.39	18.76	0.0034	**
X_3^2	1	43.25	43.25	21.70	0.0023	**
残差	7	13.95	1.99			
失拟	3	9.74	3.25	3.08	0.1526	
纯误差	4	4.21	1.05			
总和	16	1654.96				

注：P 值表明模型和实际数值的拟合度；P 值小于 0.05，表示模型和实际数值的拟合度高，模型或者因素具有显著性，P 值小于 0.01，表示模型或者因素具有极其显著性。"*"表示显著，"**"表示极显著。

2. 影响因素交互作用分析

响应面图及其等高线图能直观地显示各影响因素之间的交互效应，经过软件对数据进行分析拟合得到投加量、水力停留期、温度三因素对 COD_{cr} 降解率的三维响应面图及等高线图，见图 5-23、5-24、5-25 所示。

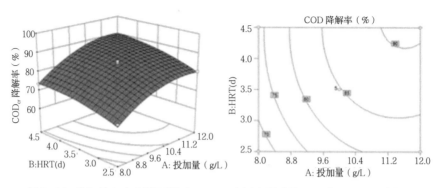

图5-23 投加量和水力停留期对 COD_{cr} 降解率影响的三维曲面图和等高线图

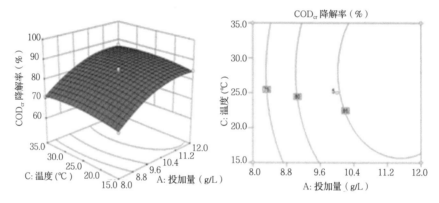

图5-24 投加量和温度对 COD_{cr} 降解率影响的三维曲面图和等高线图

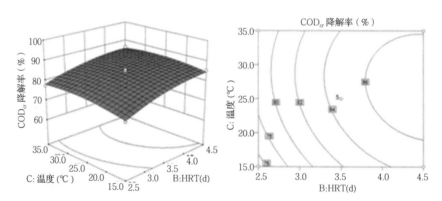

图5-25 水力停留期和温度对 COD_{cr} 降解率影响的三维曲面图和等高线图

由图5-23至图5-25中可以看出，每个响应面图有一个顶点是最大值，说明最优条件在实验设计数值的范围之内，响应曲面图中沿着 X 轴有斜坡。图5-23显示，当投加量大于 $9.6g \cdot L^{-1}$ 时，沼液的 COD_{cr} 降解率高于80%，同时 COD_{cr} 降解率随着 HRT 的延长而升高，当投加量为 $12g \cdot L^{-1}$、HRT 为4.5d时，温度为25℃，COD_{cr} 降解率最大值为89.4%。图5-24显示，当投加量大于 $10.4g \cdot L^{-1}$ 时，

温度变化对沼液的 COD_{cr} 降解率影响较小，当投加量为 $12g \cdot L^{-1}$、温度为 35℃时，HRT 为 3.5d，COD_{cr} 降解率最大值为 87.1%。图 5-25 显示，当 HRT 为 3.5 ~ 4.5d，沼液的 COD_{cr} 降解率高于 82%，温度变化对沼液的 COD_{cr} 降解率影响较小，而且 COD_{cr} 降解率的变化趋于稳定，当 HRT 为 4.5d、温度为 35℃时，投加量为 $10g \cdot L^{-1}$，COD_{cr} 降解率最大值为 86.4%。

投加量、水力停留期、温度三因素对 BOD_5 降解率的三维响应面图及等高线图，见图 5-26、图 5-27、图 5-28 所示。

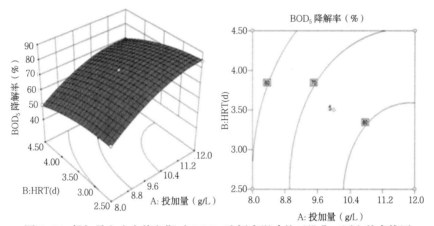

图 5-26 投加量和水力停留期对 BOD_5 降解率影响的三维曲面图和等高线图

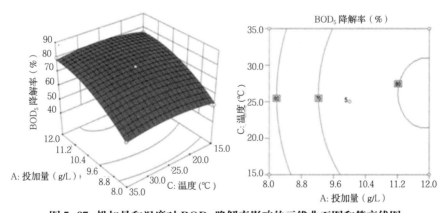

图 5-27 投加量和温度对 BOD_5 降解率影响的三维曲面图和等高线图

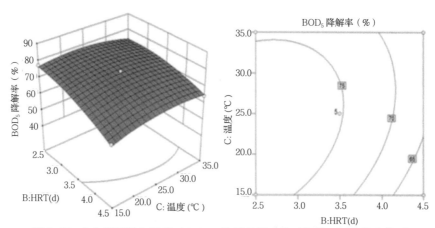

图 5-28　水力停留期和温度对 BOD$_5$ 降解率影响的三维曲面图和等高线图

图 5-26 所示，当投加量大于 10.4g·L^{-1} 时，沼液的 BOD$_5$ 降解率高于 80%，且随着 HRT 的延长，BOD$_5$ 的降解率逐渐变小；当投加量为 12g·L^{-1}、HRT 为 2.5d 时，温度为 25℃，BOD$_5$ 降解率最大值为 84.7%。图 5-27 显示，当投加量大于 9.6g·L^{-1} 时，温度变化对沼液的 BOD$_5$ 降解率影响较小；当投加量为 12g·L^{-1}、温度为 35℃ 时，HRT 为 3.5d，BOD$_5$ 降解率最大值为 79.8%。图 5-28 显示，当 HRT 大于 3.0d 时，BOD$_5$ 降解率随着 HRT 的延长而降低，温度变化对 BOD$_5$ 降解率影响较小；当 HRT 为 2.5d、温度为 15℃时，投加量为 10g·L^{-1}，BOD$_5$ 降解率最大值为 77.4%。

3. 响应面优化条件验证

综合以上响应面分析的结果，为获得沼液熟化调控技术最佳应用条件，利用 Design-expert 软件的优化功能，设定各因素的约束条件，求约束条件下，熟化技术处理沼液，沼液中 COD$_{cr}$、BOD$_5$ 降解率。设定规则如表 5-48 所示。

表 5-48　影响因素和响应量的优化

影响因素及响应量	目标	低极限	高极限	影响度
投加量（g·L^{-1}）	范围内	9	11	+++
水力停留期（d）	范围内	3	4	+++
温度（℃）	范围内	20	35	+++

续表

影响因素及响应量	目标	低极限	高极限	影响度
COD_{cr} 降解率（%）	最大化	0	100	+++
BOD_5 降解率（%）	最大化	0	100	+++

在此约束条件下，对模型求解得到熟化调控技术对沼液的 COD_{cr}、BOD_5 降解率分别为86%、80.93%，最佳应用条件为：投加量为11g/L、沼液水力停留期为3.26d，温度为26.42℃。

对上述结果进行验证，得到平均的 COD_{cr}、BOD_5，与模型得到的预测值偏差为0.4%、0.63%，与预测值较为吻合且重现性较好。

研究表明：a.回归模型达到极显著水平，回归方程可以较好地模拟真实的反应曲面。投加量、水力停留期、温度对 COD_{cr}、BOD_5 降解率的一次项、二次项影响都达到显著水平，但是这三因素之间的交互效应影响不显著。

b.利用 Design-expert 8.0 对熟化调控技术处理沼液的最佳应用条件进行响应面法优化设计，其最佳条件为：投加量为11g/L、水力停留期为3.26d、温度为26.4℃。对优化参数进行实验验证，在此条件下，沼液中的 COD_{cr}、BOD_5 降解率分别为85.6%、80.3%。

c.利用生物多功能协同熟化调控技术处理沼液，沼液中的 COD_{cr}、BOD_5 去除效果良好，是因为熟化调控技术应用过程中活性炭载体与微生物菌群起到持续物理吸附－生物降解的循环协同作用。

（二）正交分析与多元全二项式的数学调控模型

在响应面实验设计及交互作用分析的基础上，通过 matalab 软件编程进行多元线性模拟及优化建立养殖污水生物净化技术的多元全二项式的数学调控模型。

1. 基于 matalab 软件编程的多元线性模拟

以投加量（X_1）、水力停留期（X_2）、温度（X_3）为自变量，沼液的 COD_{cr} 降解率响应值为因变量，输入 y（因变量，列向量）、x（1与自变量组成的矩阵），alpha 是显著性水平（缺省时默认0.05）。假设它们有如下的线性关系式，进行模型的初步探索：$y=\beta_0+\beta_1x_1+\cdots+\beta_mx_m+\varepsilon$，$\varepsilon\sim N(0,\ \sigma^2)$。

对变量 y 与自变量 x_1，$x_2,\cdots,\ x_m$ 同时作 n 次观察（$n > m$）得 n 组观察值，采用最小二乘估计求得模拟回归方程为 $y=\beta_0+\beta_1x_1+\cdots+\beta_mx_m$。

程序结构中输出值中的 b 对应的是 β 值，bint 是 β 的置信区间，r 是残差（列向量），rint 是残差的置信区间，stats 包含 4 个统计量：决定系数（相关系数为 R）；F 值；$F(1,\ n^{-2})$ 分布大于 F 值的概率 p；剩余方差的值 s^2。在 matalab 程序工作窗口输入编程命令，进行多元线性回归模拟得到的初步模拟方程为：

$$y=25.1544+3.7750x_1+4.2875x_2+0.1087x_3，$$

从结果输出的 stats 值可以看出，与显著性概率相关的 $p=0.0001 < 0.05$，残差杠杆如图 5-29 所示，所有的残差都在 0 点附近均匀分布，没有发现高杠杆点，也就是说，数据中没有强影响点和异常观测点。

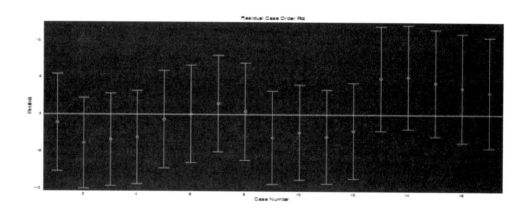

图 5-29　残差与残差区间的杠杆图

从结果输出的 stats 值可以看出，$R^2 = 0.7951$，结合结果输出中决定系数（相关系数为 R）；F 值；$F(1,\ n^{-2})$ 分布大于 F 值的概率 p；剩余方差的值 s^2，就说明回归方程是有一定意义的，但是拟合程度仍可继续优化，拟引入多元二项式进行继续模拟。

2. 基于 matalab 软件编程的多元全二项式的数学调控模型建立

基于上述回归分析结果，说明各因变量对线性回归模型中都有一定贡献，尤其是投加量（X_1）、水力停留期（X_2）对因变量沼液的 COD_{cr} 降解率响应值贡献较为明显，但是回归模型的拟合程度仍有待优化，拟引入二次项及交互项进行模型建立。

以投加量（X_1）、水力停留期（X_2）、温度（X_3）为自变量，沼液的COD_{cr}降解率响应值为因变量y，应用matalab程序建立COD_{cr}交互模型如图5-30和图5-31所示，并获得回归模型为：

$$y=-0.045x_2x_3-1.2475x_1^2-2.0150x_2^2-0.0181x_3^2$$

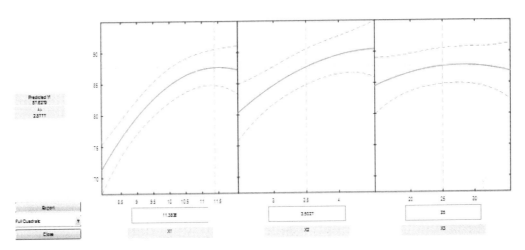

图5-30　COD_{cr}降解率响应值与投加量（X_1）、水力停留期（X_2）、温度（X_3）的模型交互图

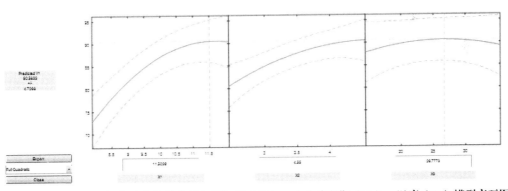

图5-31　COD_{cr}降解率响应值最大时与投加量（X_1）、水力停留期（X_2）、温度（X_3）模型交互图

从图5-31可以看出，当投加量为11.5g·L^{-1}时，COD_{cr}降解率最大，同时COD_{cr}降解率随着HRT的延长而升高，温度变化对沼液的COD_{cr}降解率影响较小，COD_{cr}降解率的变化在25℃左右时趋于稳定；当投加量为11.5g·L^{-1}，HRT为4.5d、温度为26.8℃时，COD_{cr}降解率最大值为90.6%。

　　同样，以投加量（X_1）、水力停留期（X_2）、温度（X_3）为自变量 x，沼液的 BOD_{cr} 降解率响应值为因变量 y，应用 matalab 程序建立 BOD_{cr} 交互模型如图 5-32 和图 5-33 所示，并获得回归模型为：

$$y=-1.495x_1^2-2.98x_2^2-0.032x_3^2$$

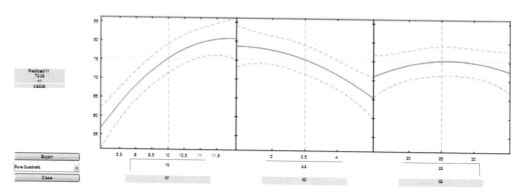

图 5-32　BOD_{cr} 降解率响应值与投加量（X_1）、水力停留期（X_2）、温度（X_3）的模型交互图

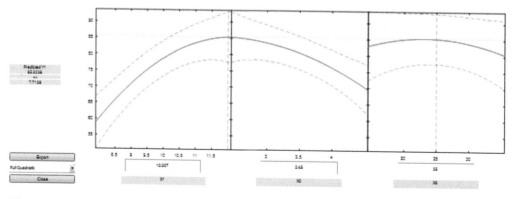

图 5-33　BOD_{cr} 降解率响应值最大时与投加量（X_1）、水力停留期（X_2）、温度（X_3）模型交互图

　　从图 5-33 可以看出，BOD_{cr} 降解率随着投加量增加而增大，而 BOD_{cr} 降解率随着 HRT 的延长而降低，温度变化对沼液的 BOD_{cr} 降解率影响较小，BOD_{cr} 降解率的变化在 25℃左右时候趋于稳定；当投加量为 12.0g·L^{-1}，HRT 为 2.5d、温度为 25℃时，BOD_{cr} 降解率最大值为 85.3%。

3. 养殖污水生物净化调控技术效应评价

　　养殖污水生物净化调控技术应用可根据沼液出水指标，要求采用串联或并联工艺，但实际从产品应用的经济性方面考虑，设计处理工艺采用多级并联系统为宜。

根据调控模型的应用条件，即在净化剂投加量为11g/L、水力停留期为3.5d、温度为26.42℃的实验验证，测定COD_{cr}、BOD_5降解率如表5-49所示，分别为86.9%、82.1%。模型预测的结果COD_{cr}、BOD_5降解率分别为86.20%、80.96%，如图5-34和图5-35所示，模型预测结果与实验结果较为吻合，且重现性较好。

研究表明，创立的数学模型能真实地反映各因素对沼液中的COD_{cr}、BOD_5降解率的影响，利用数学建模方法优化沼液生物净化调控技术应用条件是科学的，且处理效果显著。

表5-49　沼液不同程度（调控）处理效果

HRT(d)	COD 指标（mg/L）	去除率(%)	BOD 指标（mg/L）	去除率（%）	氨氮指标（mg/L）	去除率（%）	总磷指标（mg/L）	去除率（%）	达标情况
沼液	2740.60	2.60	840.60	1.60	684.70	2.10	79.60	0.10	未达标
1.5d	1985.60	37.99	465.20	56.78	436.70	36.22	58.20	26.88	未达标
2.5d	1350.80	50.69	240.30	71.56	222.50	67.50	22.30	71.98	未达标
3.5d	358.90	86.90	148.20	82.10	74.80	89.08	7.90	90.08	达标
4.5d	299.50	89.07	95.30	88.72	53.30	92.22	6.50	91.83	达标

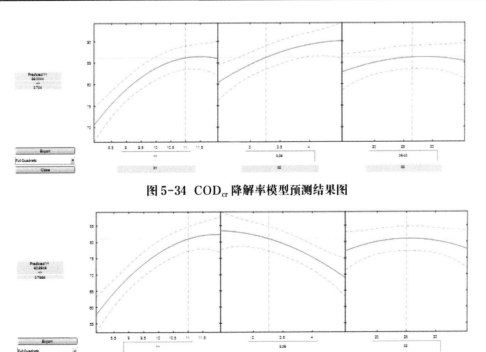

图5-34　COD_{cr}降解率模型预测结果图

图5-35　BOD_{cr}降解率模型预测结果图

4. 养殖污水生物净化剂生物活性分析

取处理沼液后的净化技术产品切片观察，如图5-36所示。从电镜图上可以看出，负载在活性炭上的菌株形态并未发生改变，而且负载在活性炭上的菌株还具有一定的数量，说明净化技术处理沼液后对复合菌群的生物活性并未有显著改变，经一次熟化处理后的技术产品仍可以重复使用。

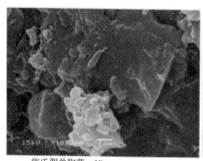
施氏假单胞菌、*Nitrosomonas europaea*
和汉堡硝化杆菌形态图（电镜 ×10000）

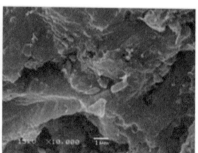
排硫硫杆菌形态图（电镜 ×10000）

小球藻形态图（电镜 ×10000）

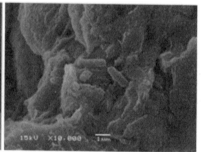
枯草芽孢杆菌形态图（电镜 ×10000）

图5-36 净化技术产品应用后活性炭上复合菌群电镜图

生物净化调控技术产品在多次处理沼液后，测定活性炭上复合菌群的有效活菌数具体见表5-50。生物净化技术连续处理沼液前后，活性炭上的有效活菌数的对比结果显示，使用前有效菌落数为 3.1×10^{11} CFU/g，第一次使用后有效菌落数为 9.8×10^{10} CFU/g，第八次使用后有效菌落数仍为 6.9×10^7 CFU/g。多功能熟化技术在处理 COD 负荷为 2240 mg/L 的沼液时，第一次处理效率为 89.15%，第八次仍保持在 74.52%，证明了生物多功能熟化调控技术的生物稳定性及循环使用性。

表 5-50　不同净化次数后活性炭上的有效活菌数及 COD 降解率

处理次数	有效菌落数（CFU/g）	COD 降解率（%）
未使用	3.1×10^{11}	—
第一次	9.8×10^{10}	89.15
第二次	7.6×10^{9}	88.23
第三次	5.9×10^{9}	87.18
第四次	7.5×10^{8}	85.24
第五次	6.7×10^{8}	83.57
第六次	9.6×10^{7}	81.98
第七次	7.3×10^{7}	78.95
第八次	6.9×10^{7}	74.52

　　研究表明：应用响应面法建立了养殖污水生物处理的 COD_{cr}、BOD_{cr} 降解率响应曲面模型，并科学优化了技术应用条件，应用 matalab 软件编程创建的调控数学模型，动态反映了应用条件与 COD_{cr}、BOD_{cr} 降解率响应指标之间的交互关系，揭示了不同应用条件下 COD_{cr}、BOD_{cr} 降解率的变化规律。根据养殖立地条件与养殖业发展区域实际，通过有效调节生物净化剂的使用量，并在 COD_{cr}、BOD_{cr} 降解数学调控模型技术支持下，引入循环理念，按照"以地定养"的偶联关系及其联动治理战略性技术框架，通过土壤载体的环境阈值调控，有效衔接"种养结合"生态区块链条，以养殖污水高效达标治理排放为前提，以控制性资源化安全利用为基础，科学确立调控治理模式，高度简约及优化养殖废水处理工艺与资源化利用治理技术，实现养殖业污染治理与农业生态环境保护的有效融合和可持续发展。